まちをリファインしよう

平成の大合併を考える

まちをリファインしよう

平成の大合併を考える

青木茂 編・著
Shigeru Aoki

建築資料研究社

contents
目次

PART 1

リファイン建築からまちへ

まちをリファインしよう

青木 茂……青木茂建築工房

集積する都市像

東京や大阪といった大都市ではなく、人口五万から三〇万ほどの都市、岡部明子さんのいう「ほどよい」都市について本を書きたい、と思ったきっかけは一つではなく、複数のことが絡み合いながらぼくをつき動かしてきた。その一つは、非木造建築を再生する「リファイン建築」という仕事に向かい合っていると、必然的に三〇、四〇年前の建物との会話が始まる。その建物を必要とした時代の空気、クライアントの思い、それを設計した建築家の思考過程、施工した人々の技術レベルや格闘の跡をたどることは、どうしても過ぎた時間と向き合う作業を強いられることになる。そのことは、自分が今やっている仕事が三〇年後、四〇年後にどのような評価をされるのだろうかということにもつながる。

建築をつくることは風景の中に点を置くような作業であるが、点の集積が集落を形成し、都市を形成するならば、建築は集積しながら、人々の暮らしや、使われ方、愛着により育っていく。残念ながら日本では、有形なものにたいして無形のものほどの執着心がなく、建築や都市にいたっては壊してつくるのが当たり前となっている。都市のアイデンティティの欠如は歴史の欠如が一因だと感じる。日本の集落は街道の歴史である。それは木造で形成され、壊されてはまたつくられてきた。これをもし木造と非木造という二つの軸に分けて未来を予測してみると、現在の都市の様相とはまったく違った都市像が見えてくるのではないかと思う。

合併後の未来像は住民が描くべき

ぼくの生まれ育った町が平成の大合併によってなくなるという事態に直面して、この町が合併後どのような姿になるのか、ぼくには想像できなかった。ただ、少年期の記憶として昭和の合併がある。ぼくが生まれた集落、大分県南海部郡《みなみあまべ》下入津《しもにゅうづ》村竹野浦河内《ごうち》は大分県蒲江町《かまえちょう》になり、村役場は消えた。焼酎のコマーシャルに出てくるような木造平屋建て、瓦葺きの古ぼけた建物が記憶の片隅に残っているだけだ。四〇数年を経過してみれば、この昭和の合併は時代の流れの中でこの村を過疎にした。しかし、見方を変えれば別の姿も浮かび上がってくる。産業もないこの地域一帯はもともと出稼ぎの村であった。家族を村に残し、働き手は一年中都市に出稼ぎに出ていた。家族と一緒の生活は正月、お盆、子供の運動会、それもせいぜい一週間か一〇日である。大人になって気づいたことは、クラスの八割方は誕生日が集中していたことである。笑い話である。人口が流出した町や村は結果として過疎に悩むとしても、家族が都市で一緒に生活するのは、個人の生活レベルとしてはとても幸せなことである。だから、あながち過疎はいけないとはいえないのかもしれない。

しかし、地元に残って漁業、農業、林業といった自然を相手に暮らしている人々は、自然を守るという行為を一手に担っている。今、その負担は、都市生活者も同時に負わなければならない時代になった。そこで平成の合併により、周辺の町村を吸収する母都市のあり方、反対に吸収され、役所の機能が縮小される町や村の未来像を、改めて今、描かなければならない。それを語らずして、市町村合併はあり得ないと思う。それは設計図を描かずに家を建てるに等しいのではないだろうか。そしてその未来像は、コンサルタントや学者が決めるのではなく、そこに住む住民が描くべきだと思う。われわれ専門家は、それにたいしてアドバイスができるにすぎない。

老後をどこで暮らすか

以前、磯崎新さんが『プレイボーイ』誌のインタビューに応えて、建築家という職業は「渡り職人」だと語っていたことが記憶に残っている。今まさにぼくは渡り職人のような生活をしている。この二、三年のぼくの生活を月単位でみれば、一週間は自宅と事務所がある大分、二週間は福岡にいて福岡事務所で仕事、残りの一週間は出稼ぎみたいなもので、東京やら他の地方といった生活を送っている。

われわれ団塊の世代は大挙して都市へと出ていったが、その世代が定年を迎える歳になり、どこで暮らすかということが大きなテーマになっている。自分自身のことを考えてみても、終《つい》の住処《すみか》をどこにするか、まだ腰は定まらない。

さらに、もう一つ気になるのは、合併によって不要となった学校や役所の建物はどうなるのだろうかということである。すでに福祉施設、資料館、集会所、保育園等々にコンバージョンされた建物も多い。

もし、ぼくが引退してふるさと蒲江に帰ろうと思っても、実際にはすでに住む家はない。それに、よそで生まれ育った家内にたいし、今までの生活環境をすべて捨てて、さあ蒲江に帰ろうとはとてもいえない。やはり準備期間が必要であろう。そこで、学校をコンバージョンした、中長期にわたって利用可能な宿泊施設をイメージしてみた。試しに一週間住んでみる。朝飯は施設が用意してくれる。イギリスのB&Bの日本版である。その一週間は海辺を散歩したり、近くの山へハイキング、魚釣り、山菜摘みを楽しみ、昼や晩ご飯は自分でつくる。のんびりと過ごせば、家内も気に入ってくれるだろう。しばらくして次は一ヵ月住んでみる。少年野球の手ほどきをしたり、農作業の手伝いなどもやってみる。新鮮で安全な食の豊かさに改めて感動を覚えるだろう。空いた畑を少し借りて野菜でもつくろうかという気になる。じゃあ、今度は半年暮らしてみるか。それが重なれば定住も可能になる。

最近、ぼくが福岡市内で設計した住宅に泥棒が入った。朝起きてみると寝室と子供室以外はごっそり荒らされ、金品がすべて盗まれていたそうだ。アルミサッシのドアは無惨にもバールでこじ開けられていた。テーブルの上には包丁が二本置かれていたとのこと。寝ていて気づかなかった施主一家は幸いであったかもしれない。同じ福岡市内で中国人留学生による押し込み強盗殺人事件が起きた後だけに、ぞっとする出来事だった。その後、うちのスタッフの実家にも強盗が入ったと聞いた。ぼく自身も、福岡市内のコインパーキングに車を止め、食事をしていた二時間ほどの間に車のガラスを破られて買ったばかりのコートとバッグを盗られるという経験をした。治安は確実に悪くなってきている。また、食べるものに関してもBSE、鳥インフルエンザなどの問題が相次いで起こり、何を食べればいいのかと一瞬考えてしまう。

田舎に住み、小さな畑を借りて野菜や果物をつくり、鶏などを飼って生活することができれ

B&B
ベッド・アンド・ブレックファースト。一泊朝食付き民宿のような宿泊施設。

ば、これ以上安全でたしかなものはない。定年を待たなくても、ウィークデーは都市で過ごし、週末を田舎で暮らすならば、自作の食料を手に入れることができる。そんな生活を可能にする方法もあるのではないだろうか。

母都市の商店街の空ビルを賃貸住宅にリファインし、行政がなんらかの家賃援助をして、月曜から金曜まではここで過ごす。道路の整備もだいたい行き届いてきているから、周辺の集落まで三〇分圏内と予測する。一次産業など郊外に職場がある人は、ここから通ってもらう。このことにより、教育、福祉、医療といった、ある程度人口の集積が必要な施設は母都市に集めることができる。そして金曜日の夜から月曜日の朝までは一家そろって田舎で過ごし、自然の恵みを満喫する。ヨーロッパの都市生活者のあり方が、日本でも実現することになる。ずっと田舎で暮らしたいという人たちには、週末を田舎で過ごす人たちのための食事のサポート、土日農園のサポートなど、それなりの仕事が確保できるのではないかと考える。つまり、都市と田舎を行ったり来たりするフレキシブルな生活をすることによって、都市の恵みと自然の恵みの両方を享受できるのではないか。

佐伯のこと

合併により蒲江町の母都市となる佐伯《さいき》市は、大分県南の中心都市で、ここ数年「寿司の町」として売り出している。寿司だけでなく食べ物がたいへん美味しいところである。ぼくはこのまちに二七歳から三八歳まで、一二年間住んでいた。その頃ぼくは、このまちの水路に注目して「佐伯ベネチア論」なるものを考えていた。一九八八年の市政要覧にその抜粋が掲載されている。

平成一七年三月に合併する
佐伯市・南海部郡五町三村

	面積（㎢）	人口（人／平成12年）
佐伯市	197.37	50,120
上浦町	15.67	3,472
弥生町	82.89	7,079
本匠村	123.15	2,049
宇目町	265.99	3,664
直川村	80.82	2,847
鶴見町	20.21	4,335
米水津村	25.22	2,481
蒲江町	91.80	9,160
合計	903.12	85,207

「数年前、イタリアの水の都ベネチアを旅して、そのヒューマニティにあふれたまちの様子に驚かされました。主要交通路はゴンドラが浮かぶ運河と歩行者用の道だけ。市中心部には一切車は入れない、というわけです。車中心の道づくり、まちづくりが多い中で、車を排除したまちづくりが近代都市計画の中でも見直されつつあります。佐伯は市の中心を流れる中川、中江川、番匠川、それに港、と水のまちであり、ベネチアに似ているといってもいいと思います。今でこそ、埋め立てられたり暗渠になったりしていますが、かつては現在の市街地を水路が網の目のように走っていたわけですから。この水路を市の中心部に復元して水路をシンボルにした水上都市を再生したい、というのがぼくの〈佐伯ベネチア論〉です。船上からは地上とはまったく違った景観が広がるでしょうし、大小のゴンドラを浮かべれば観光資源としても大きな価値が出てくるでしょう。車が普及したのはごく最近のこと、この先いつまで車が使えるかわかりません。だったらいっそ車を捨てて、運河と船を生かした独特のまちづくりを目指してはどうだろうと思うのです。幸い地元には高い造船技術の集積もあります。ゆくゆくはアジアポートを誘致して……ということになれば、佐伯が海上交通のメッカになることだってあり得ないことではありません」

佐伯には水路、海以外にも特色がある。佐伯市は大分市内から一時間半、野津町から峠を越え、弥生町に入る頃から空気が違ってくる。ゆっくりとした時間が流れ、まるで歴史が止まったような感覚になる。若い頃はこの感覚が嫌だったが、今は田舎町の優しさに包まれているような気分になる。それは、イスタンブールの石畳を歩いたとき、歴史の中に溶け込むような感覚に包まれた感じや、砂漠を旅したときにこのまま永遠に旅を続けてもいいと思った瞬間と同

佐伯市中川

じ気分ではないかと感じる。

また、市の中心部にある城山は国木田独歩の『春の鳥』の舞台になったところで、今は市民の憩いの場になっている。城山の足下には養賢寺という禅宗の名刹があり、これも歴史を忍ばせる。

江戸時代にさかのぼれば、このあたりは佐伯藩で、「佐伯の殿様浦でもつ」といわれたほど南海部郡とは結びつきが深く、商圏は八市町村運命共同体である。地理的にも、南海部郡内の町村の行き来は佐伯市を通過して行われていた。かつては海軍の基地が置かれ、今も特攻隊の記念館がある。恵まれた天然の港があり、産業はセメント、パルプ、造船、そして漁業である。だが、ここ数年は他の地方都市同様、人口流出に悩まされ、斜陽の一途をたどっている。水泳や野球の名門校で進学校でもあった佐伯鶴城高校も、名門大学をめざすにはいささか敬遠され、地元、地元と声をあげている人の子弟が大分市内の高校に通っているといった笑えない話もある。今、佐伯市のダウンタウンは人の気配を感じない。このことは佐伯の都市としての機能的欠落を決定づけている。この事実が今回の合併を後押ししている理由でもあるのだ。

その後、大分県の企業局長をしていた小野和秀氏が佐伯市長になってしばらくして、ぼくにお呼びがかかった。都市計画の策定委員長になれとの仰せであった。「いろいろと考えたが、大学の先生にお願いしても実現性にとぼしい案しかできない。思い切った新鮮な案でかつ実現性が高いものを提案してほしい」との言葉に心意気を感じ、五〇%の自信と五〇%の不安を抱えてお引き受けすることにした。そして提案したのが、商業活動は沈滞気味だが人情に富み、暮らしやすい「スローシティ」という概念であった。

大分県内有数の砂浜として知られている高山海岸と元猿海岸は子どもの頃の遊び場だった。友達と一緒に泳ぎに行ったときのこと。そこに中学の先生と大分市内から来た先生の知人が通

佐伯城があった鶴谷城山

佐伯藩主毛利家菩提寺・養賢寺

りかかった。先生の知人が、筋骨隆々のぼくの友達を見て「お前の生徒はろくなものは食っていないのに体格はいいなあー」とひとこと。それを聞いた先生が「何をいいよる。今夜食わしてやるものを食べてからいえ。ここの食べ物は大分市内より何倍もうまい」といった。その話を母にすると、笑いながら、高校に行って大分で下宿をするようになったらわかる、という。その頃のぼくは、魚ばかりでろくなものを食っていないと思っていた。高校生になって、下宿生活の第一夜はワカメのみそ汁、沢庵、メインディッシュはウマヅラハゲのフライが半分にキャベツであった。四〇年を経過した今でも鮮明に思い出す。それが二年間続き、ぼくは初めて痩せるということを経験した。蒲江にいたときは魚以外も地元で採れたものがほとんどで、自宅の横には小さな畑があり、ダイコンやキャベツ、ハクサイなどが植えてあった。その頃はほとんどの家がなんらかの菜園をもっていた。そして、肥料は人糞であった。種蒔きの季節はそこら一帯、黄金水の匂いで満ちあふれていた。それが子供心にはとても恥ずかしく思われた。隣の家ではブタを飼っていた。ある日、村の谷でブタの解体作業が行われ、村中からみんなが集まり、大イベントになった。その日の夕方からしばらく台所の隅にブタの片足がかかっていた。今思えば食生活は驚くほど豊かであった。新鮮な魚と野菜がいつもあった。自然のサイクルに合った生活が営まれていたのだ。まさにスローライフである。蒲江の人たちは今もほとんど変わりない生活をしている。このような生活こそが、より豊かな生活であり、「佐伯スローシティ論」はそれを売りにしたまちづくりをしてはどうかという提案であった。

八女のこと

福岡県八女《やめ》市は宿場町として発生し、茶畑、伝統工芸、商家のたたずまいなど、日本のよき

佐伯湾に注ぐ番匠《ばんじょう》川と城山

伝統を今も残している。このまちに居住する藤原恵洋・九州大学教授の熱心な指導のもと、宿場町としての町並みを保存する取り組みが始まっている。ただし、このまちに点々と建てられた現代建築は他の地方都市同様、お世辞にもよいものとはいえない。ノーマン・フォスター卿が設計したイギリスの地方都市イプスウィッチのウイリス・フェイバー・アンド・ダマスビルのような新しい解釈もなければ、ぼくが影響を受けたイタリアの建築家カルロ・スカルパのような、歴史の上に歴史を積み重ねるような建築行為でもない。ただ単に点としての建築が孤立しながらたたずむだけである。近年建て替えられた住宅に目を向ければ、日本国中どこにでもあるハウスメーカーのショートケーキハウス以外のなにものでもない。八女でリファイン建築を手がけることになったとき、藤原先生の影響もあり、ぼくは自分なりに八女の伝統文化を建築化しようと試みた。

リファイン建築が成立するまでには、多くの問題を克服する作業が行政にも、設計者にも降りかかってくる。前書『リファイン建築へ』（二〇〇一、建築資料研究社）の中で、野田国義・八女市長が「三つの抵抗」について語っているが、リファイン建築という新しい工法への反発は強く、何度も押し返されながら戦いを挑み、八女市多世代交流館はようやく完成した。完成した交流館は、市の内外で一定の評価を受けたと自負している。

それから一年が経過した頃、市長さんから連絡をいただいた。「福島中学校の屋内運動場をリファインしたい。市の職員から、青木さんに頼んでは、という声が上がっている。すでに耐震診断を福岡県建設技術情報センターに頼んでいるので、共同作業になるがよろしく」とのことであった。早速、同センターの中尾良教氏に電話したところ、わざわざ事務所まで出向いてくださった。築四〇年を経過した建物だったが、調査結果は想像以上に悪く、中性化は平均で九〇％を超える状態であった。なかなか難しい仕事になりそうだったが、お互いにアイディア

八女市内の旧街道筋

After 八女市多世代交流館

Befor 老人福祉センター

福岡県八女市では、既存の建物を有効利用することで、市町村合併後の母都市としてのまちの整備が進められている。多世代交流館に続いて福島中学校体育館がリファインされ、現在、市町村会館のリファインが計画されている。

を出し合って進めていこうということになった。

耐震補強は軸力と水平力を完全に分けて計画した。水平力は、四隅にコンクリートと鉄骨によるブレースで耐震壁をバランスよく配置した。中性化の対策についてはいろいろと調べたり考えてみたが、名案が浮かばない。そこで、東京大学の野口貴文先生にアドバイスをお願いしたところ、「極端に中性化が進むとコンクリートはもろくなり、風化が起こる」とのことだったので、三〇年でコンクリートの柱が三〇％やせるという仮説を立て、既存の柱に沿わせた新しい鉄骨丸柱（一一四φ）によって軸力の三〇％を負担させることにした。これをデザインのきっかけとして、全体のプロポーション、工法を決定していった。トップライトと地窓によって体育館内部に風の道をつくり、人体から排出される二酸化炭素を早く屋外へ排出し、このことによりコンクリート柱中性化の進行を抑制する。また既存柱はアルカリ性付与材と中性化抑制処理材で補修した。中央三本、左右六本の柱はカーボンで補強し、その上から仕上げ材として杉板で柱を覆うことで多少でも二酸化炭素の影響を避けることを考えた。耐震壁の室内側には体育館の既存床材を壁仕上げ材として再利用し、資源の有効活用と歴史の記憶を残す手段とした。屋内運動場という無機的な空間を木製ルーバーで覆うことにより、柔らかい空間に仕上げた。また、外壁の仕上げには黒色のガルバリウム鋼板を採用し、八女の町並みをイメージした外観をつくった。日本中どこでも見られる白い箱形の既存校舎と、この体育館のどちらが八女のまちにふさわしいかをぜひ見比べてほしい。

隣接する武道場は増築で、別棟扱いとなった。体育館と同じく、通風は地窓とハイサイドで風の道をつくった。地窓以外、壁に窓はない。孤立した空間をつくり出し、ここで行われる行為のための空間として自立させた。採光はハイサイドからとし、演者と光の変化との戦い、そして調和の場となることを狙ったためである。このことにより、単に武道場としてのみの利用

福島中学校体育館内部

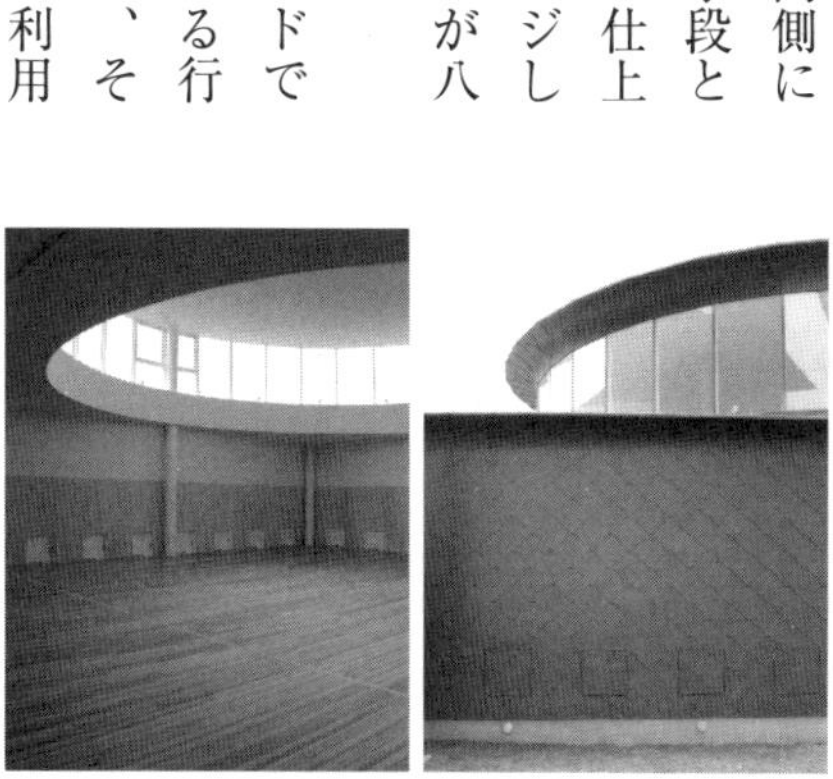

増築の武道場。外観と内部

Befor（同左）

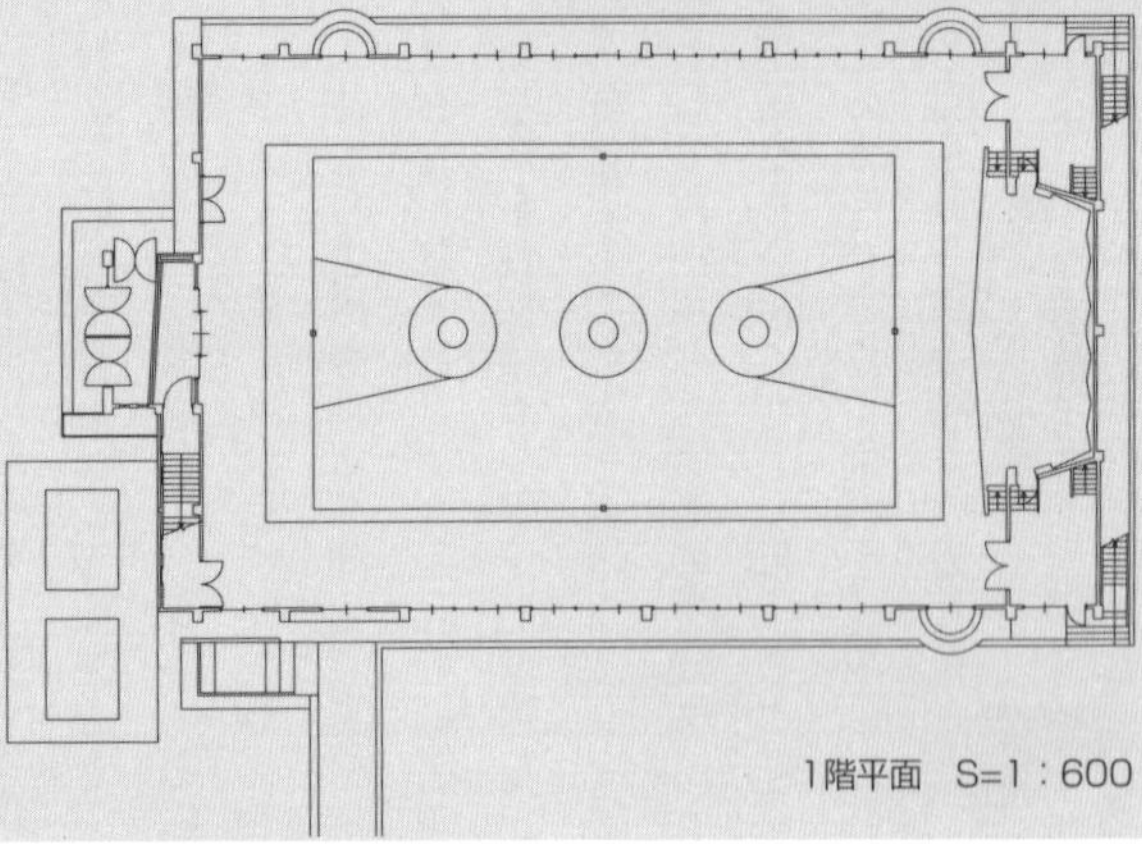

1階平面　S=1：600

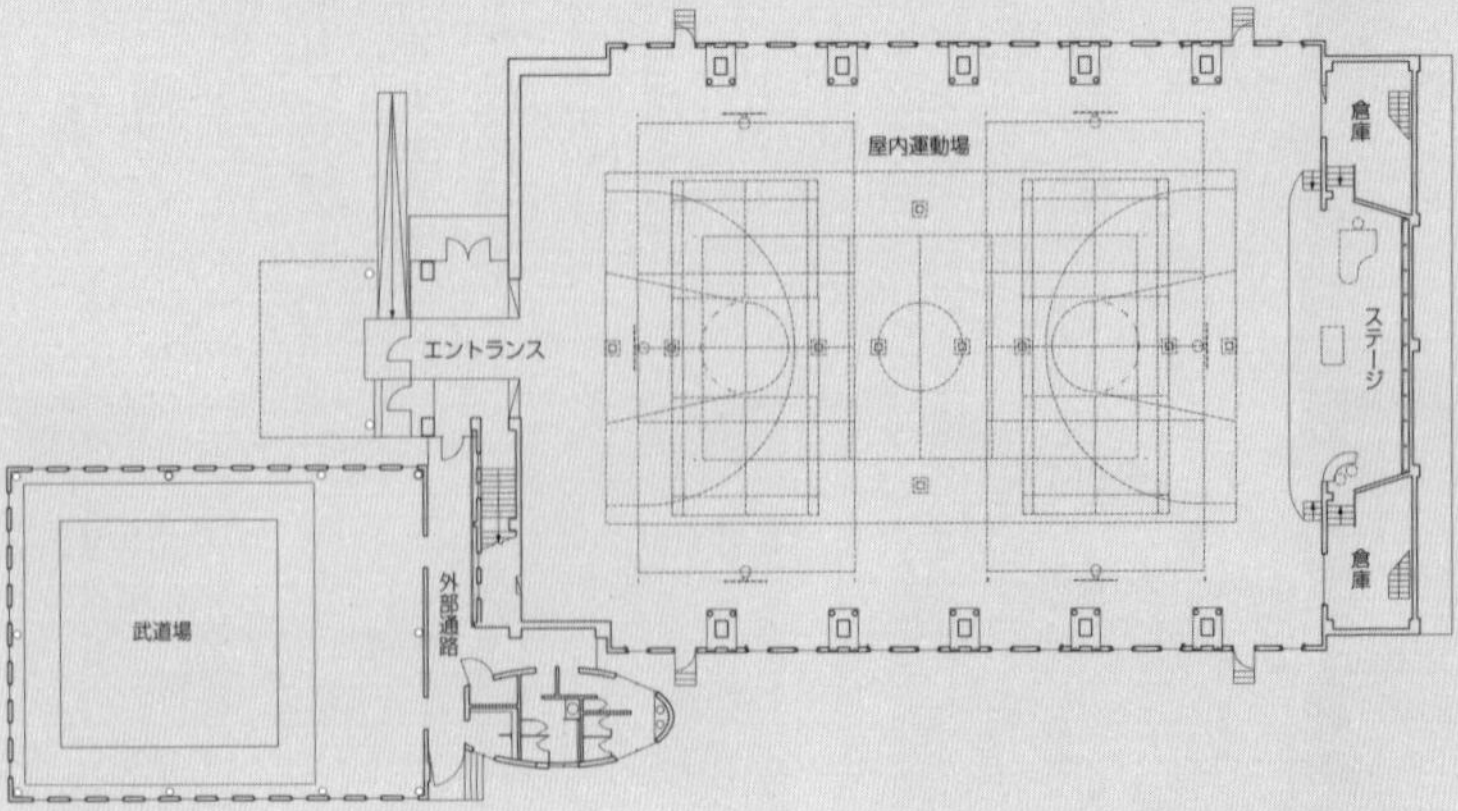

1階平面　S=1：600

After 八女市立福島中学校体育館

にとどまらず、コンサートやパフォーマンス、八女の祭りの際の演舞場としても使われることになるだろう。さまざまなかたちで利用されることを期待している。

この福島中学校は市のほぼ中心部に位置し、伝統的建築群が残る商家の町並みからも歩いて行ける位置にある。福島中学校の校舎自体は二〇年前に建て替えられた、主張なき建物で、商家の町並みからスケールアウトした姿をなんの恥じらいもなくさらし、景観の調和というにはほど遠い表情を見せている。八女の歴史的町並みにたいしてぼくなりに考えて答えを出したこの体育館も、今は点としての存在でしかない。しかし、リファインによって八女のまちの歴史を匂わせることができれば、まちの景観としてのつながりが出てくるのではないかと考えた。ガルバリウムの黒壁、小屋組、ルーバー、陰翳礼賛、路地、新旧の建物の隙間等々、まちと建物をめぐる冒険を試みた。

ぼくは八女市でもう一つ提案をしている。八女の中心部に位置する市役所の隣に八女郡市のための市町村会館がある。六六〇席の劇場、練習室、図書室、事務室で構成されている、市内では最大の床面積をもつ建物である。この建物をリファインする提案で、劇場のかたちを保ちながら、現在不満のある要素を再構成する、一部増築を含めた計画案である。これが完成すれば、八女の三つのリファイン建築は一本の軸線上に置かれることになり、人々の意識の根底に何かを差し込むことができるのではないか。古いものを残しながらそれを再生するリファイン建築は、歴史的景観が広がる市街地にインパクトを与えることができるのではないかと思う。民家の修復が人々の生活に根づいているこのまちに、既存の建物を生かして使うという姿勢は同じにしながらも、リファインによって新しいインパクトをもった公共建築の軸ができる。それは、民間の建物へも必ず影響を与えると確信している。市町村会館をリファインすることで、合併というまちの新たな展開を迎えるための核となる要素をもつことができれば、よりいっそ

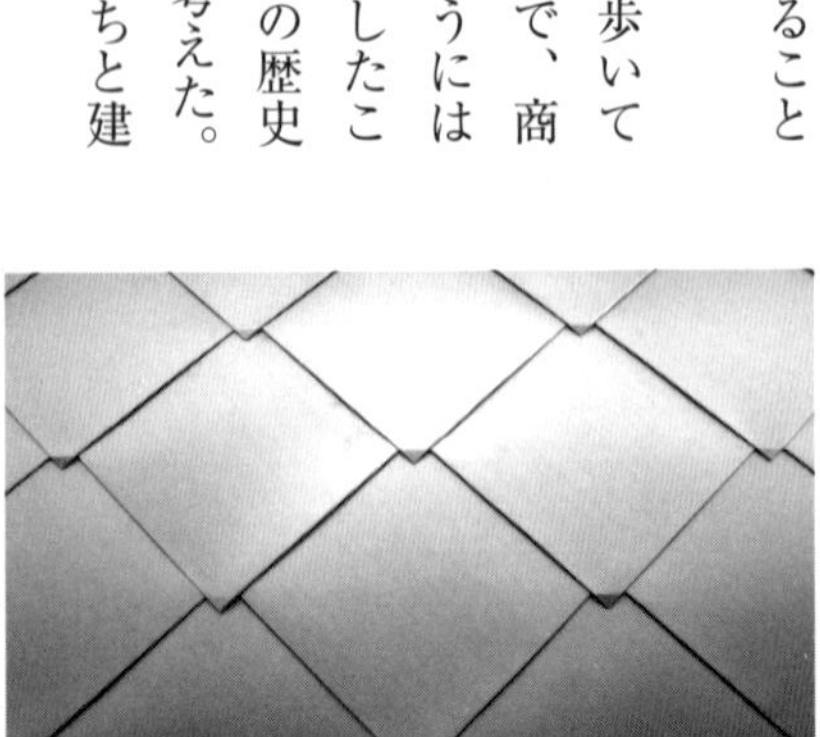

福島中学校体育館の外装に用いた黒色のガルバリウム鋼板。（部分）

After 劇場などの文化複合施設

Befor 市町村会館

うこのまちの歴史に深度を加え、まちの再生が可能となると考えている。

　合併により周辺地域の中心となるまちと、吸収される側のまちはそれぞれ違った役割と個性が必要とされる。八女市は母都市として周辺地域の中心的な役割を果たす必要がある。それには福祉、医療、教育、商業などの集積を中核としながら、夜間人口の定着を図らなければならない。この歴史的建造物群の中に伝統的な意匠をまとった集合住宅をつくったなら、このまちはどのような都市へ変身するだろうかと想像してみると、ヨーロッパの歴史的都市になんらひけをとらない豊かさを手に入れることができるのではないかと思われた。

本渡のこと

　熊本県本渡《ほんど》市には天草四郎記念館がある。長崎県の島原とよく間違えられるが、この本渡市が天草四郎の出身地である。本渡市は天草の産業の中心都市として発展してきた。焼き物の産地でもあり、現在も伝統ある窯元が活動を続けている。また、有田の白磁はここで産出された陶土からつくられている。市内には三本の川が流れ、国の重要文化財である石造りの祇園橋はまちに潤いと歴史の重層を与えている。歴史的に見れば、ここは南蛮貿易の基地で、そのことがこの地域独特の雰囲気をつくってきた。天草四郎記念館から海に向かって下ってゆくと墓地が見える。その一帯の空気は、地中海に来たのではないかと一瞬錯覚する。江戸時代には長崎県や鹿児島県などとの海上交通が活発に行われ、天草全体を見れば浦々に固有の文化を育んできた。

　本渡市の商店街は地元のみならず天草全体の中心商店街としての役割を担ってきた。三〇年ほど前、全国どこの商店街でも地元商店街との摩擦の中で大型店の進出が相次いだが、ここの

天草四郎像

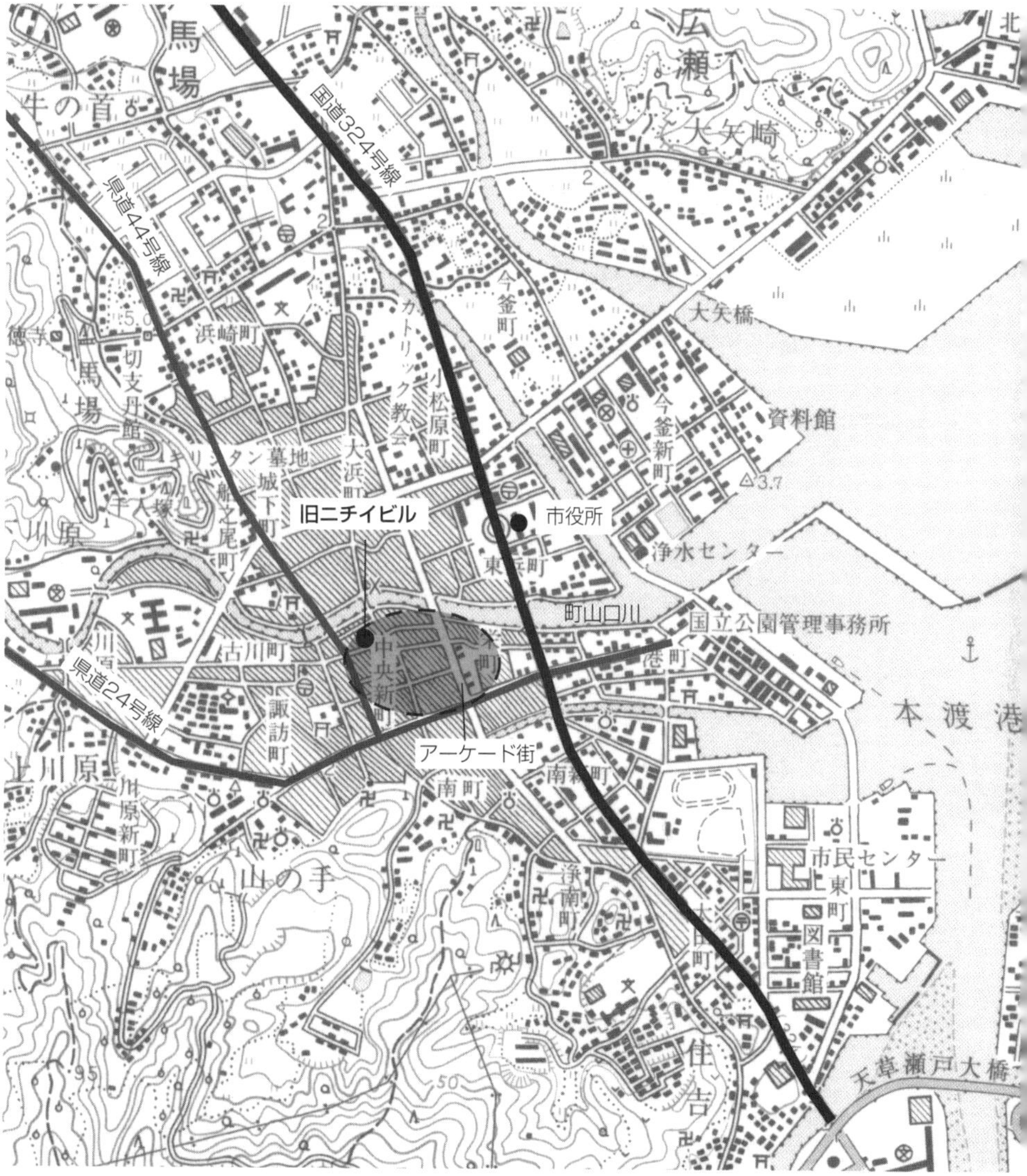

市の中心部を流れる町山口川

本渡市中心部
古くは町山口川を中心に水路による商業が発展した。市街地は旧道（県道四四号線）沿いに拡大し、国道三二四号線開設によってさらに広がっていった。

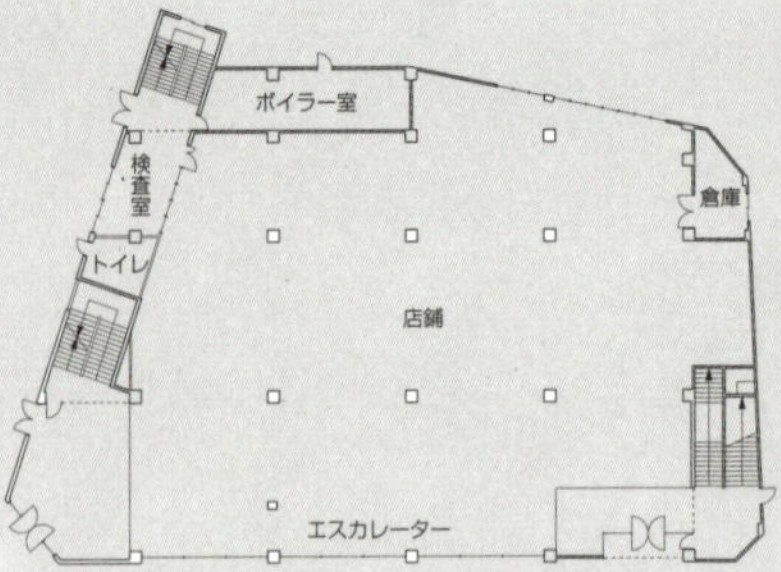

Befor 旧ニチイビル

1階平面　S=1:800

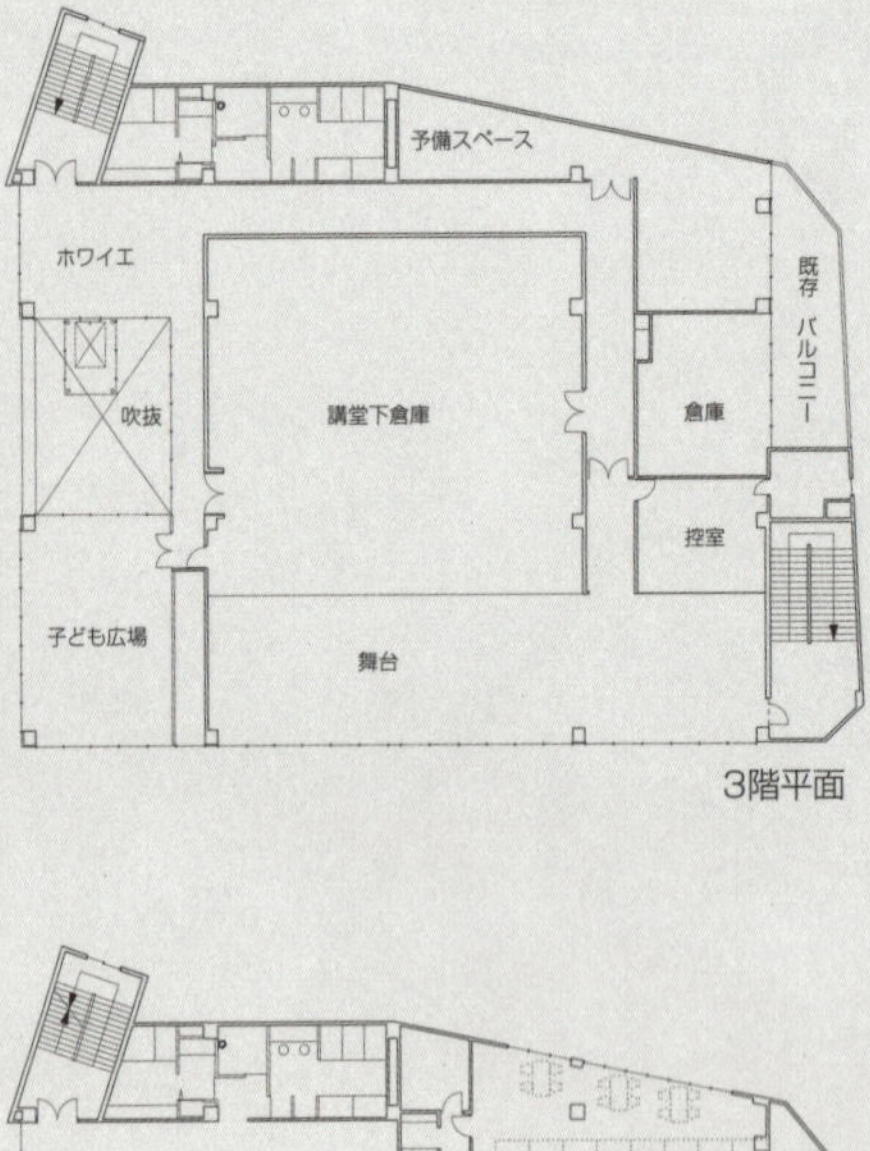

3階平面

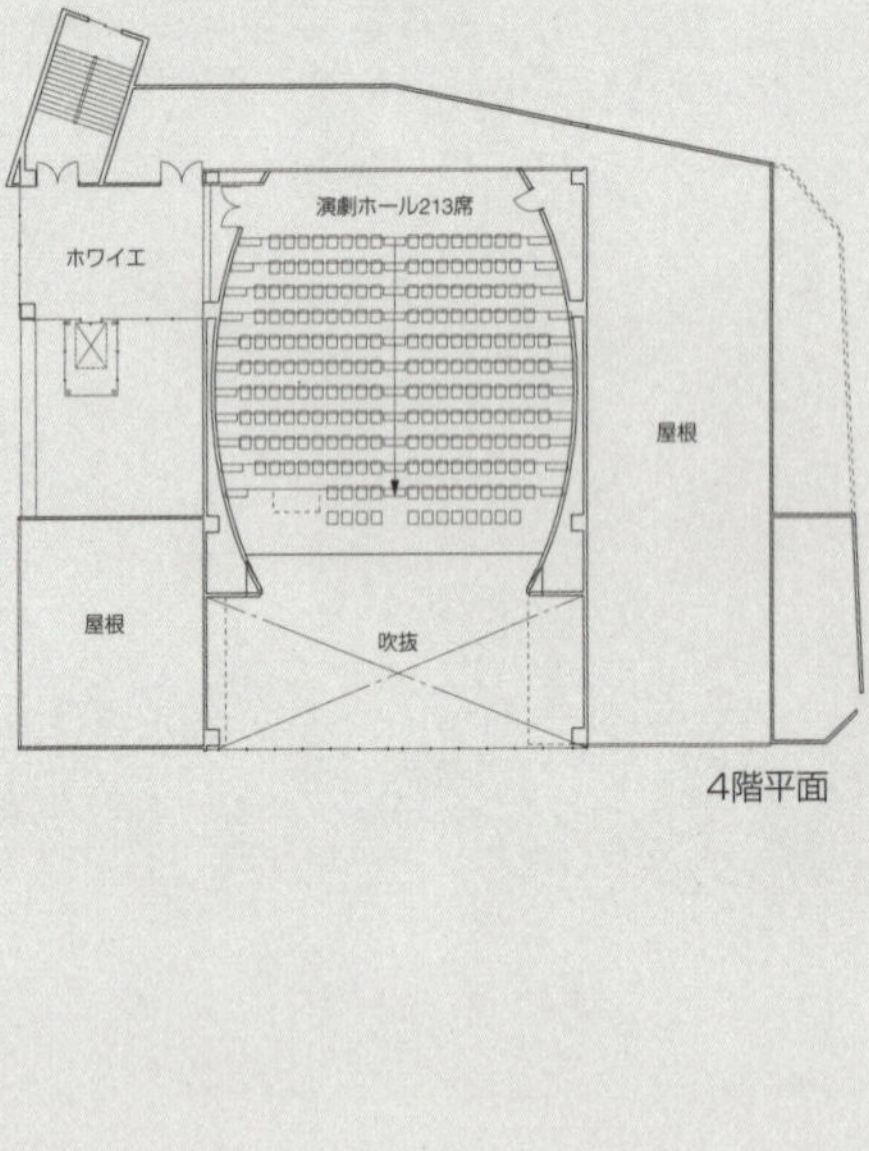

4階平面

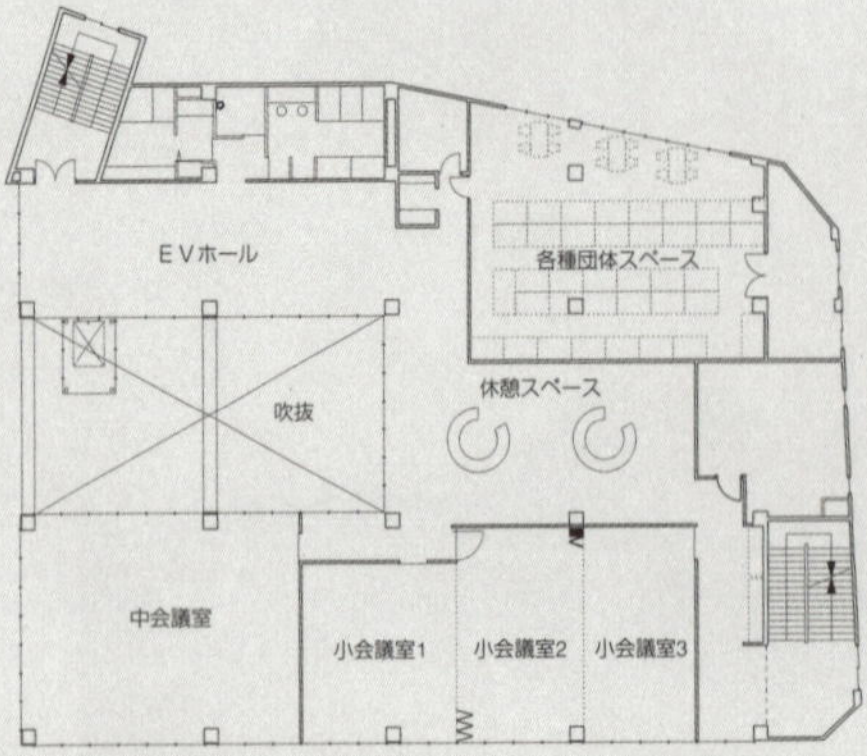

2階平面

After 地域情報・ホール・スタジオなどの複合施設

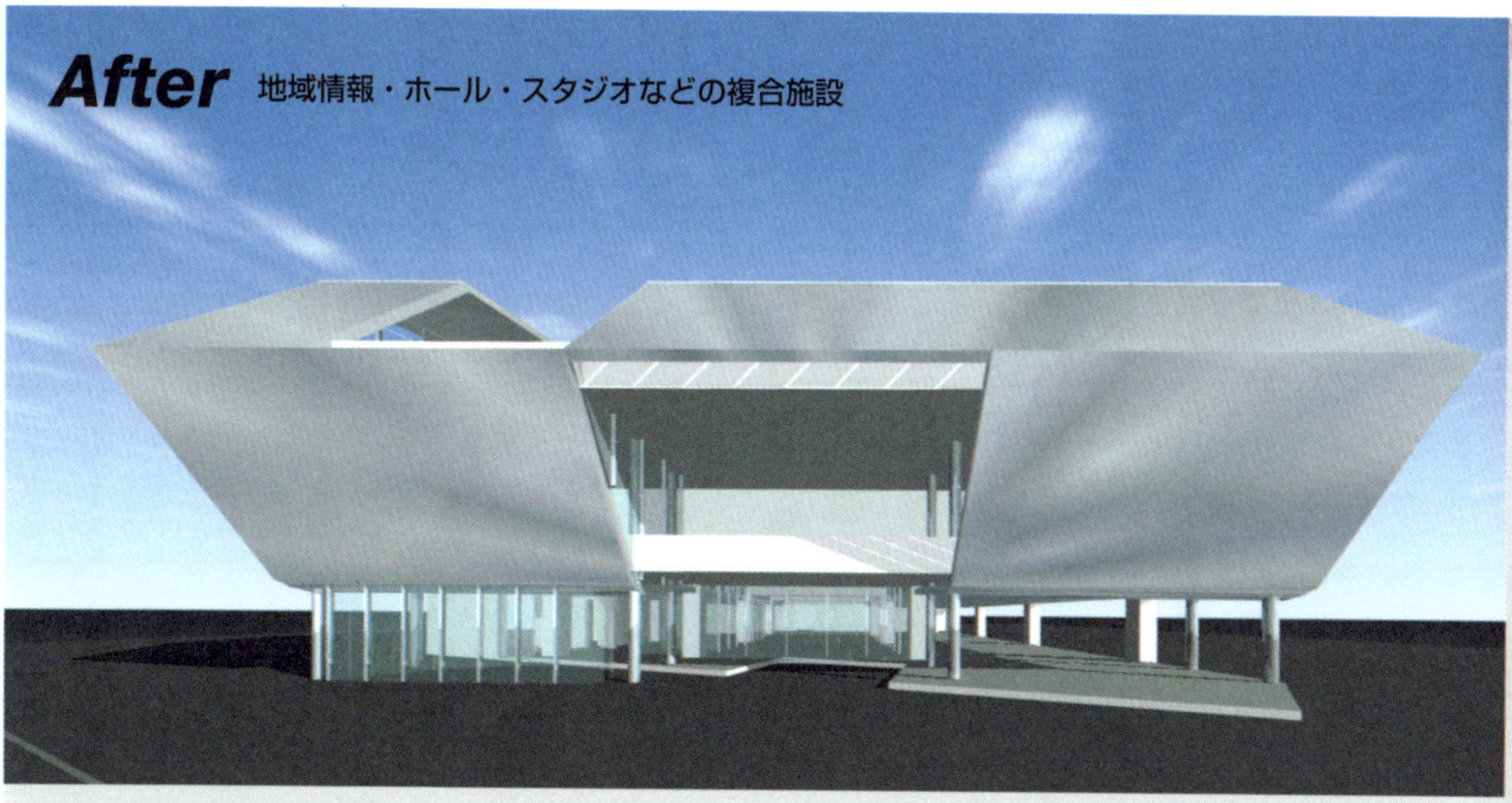

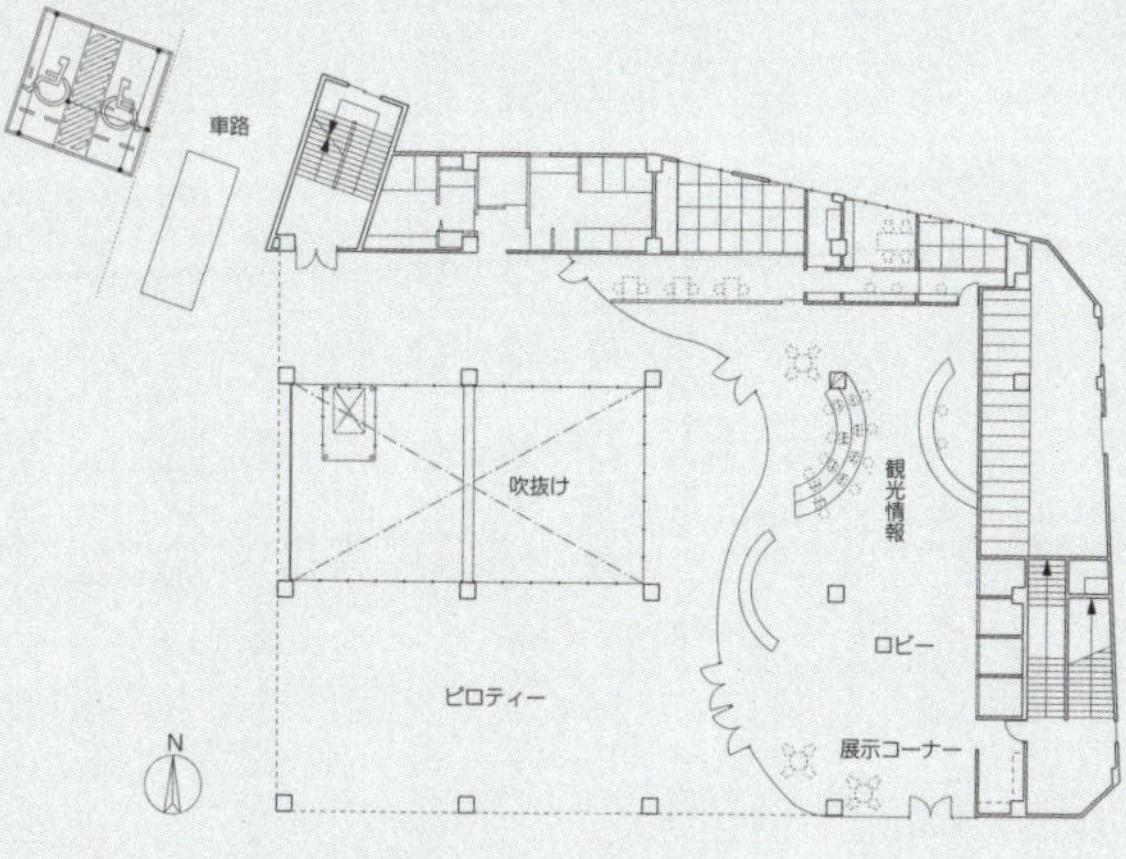

1階平面
S=1：600

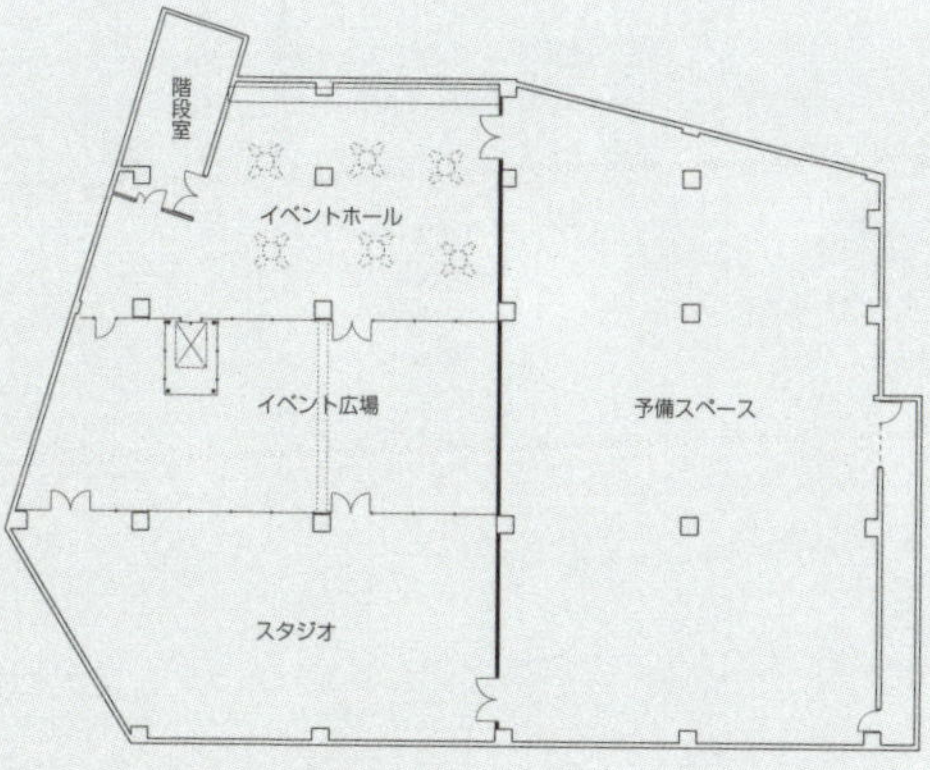

地階平面

商店街も然りである。開店後二〇数年が経過して、生活形態の変化により郊外店への業態変化が起こると、やがて中心市街地の大型店は地元旦那衆の反対を振り切って撤退、残されたのは空き家となったコンクリートの固まりのみである。結局ツケは行政が払うことになる。この商店街は空き店舗は目立ってきているものの、まだ元気は残っている。ぼくも何度か訪れたが、日曜市や催し物、出店などに出くわした。地域全体で商店街を活性化して盛り立てていこうとしていると感じられた。この旧ニチイの建物を解体し更地にして新しく建物を建てるのか、再利用を図るのかが検討され、ぼくにお呼びがかかった。一年間をかけて基本計画を練ることになり、市当局や市民、商店街の人たちと数度にわたって打ち合わせを行い、さまざまな提案をプレゼンテーションしながら計画を進めてきた。計画の骨子は、地下は音楽スタジオ、イベントスペース、特産品の販売、一階に観光案内センター、バス停の待合室、二階に会議室とボランティア団体のためのスペース、四階は二一三席のホールなどである。とくに一階は囲われた部屋をなるべくつくらず、通路や広場のスペースを広く取ることにより、周辺の商店街と連続して使えるような空間を提案した。また、地階から三階まで連続するアトリウムを確保した。商店街の動線を平面的にも立体的にも豊かにし、パブリックなスペースを強調したいと考えたのだ。それによってこの施設の利用者は都市を立体的に感知することができるだろう。

　ぼくは、医療、教育、福祉施設に商業施設をプラスすることによって、よりいっそう都市の恵みを享受できると考えている。空洞化した中心市街地の空きビルを一階は店舗、上階を住宅としてリファインすることを想像してみれば、ヨーロッパの都市に見られるような、夜間人口の定着と都市のにぎやかさを獲得することができるのではないか。郊外へ郊外へと開発されていった団地は現在さまざまな問題を抱え込んでいる。中心市街地の空洞化もその一つである。その解決法としてスモールシティやスローシティがいわれているが、それには地方都市に住む人々が都市の魅力と自然の恵みの両方を享受できるようなまちづくりが必要ではないかと考える。ニチイ跡地の一階をパブリックスペースとしてまちに開放することにより、日本の伝統的な都市空間を形成してきた、かつての路地にあったようなコミュニティとにぎわいを形成することができるのではないか。リファインという小さな建築行為によって、都市という巨大なものに向かって一手打つことができると確信している。

豊北町のこと

山口県豊浦郡豊北町《ほうほくちょう》は昭和三〇年（一九五五）の昭和の合併で発足した。その後着々と整備を行ってきたが、平成の大合併を控えて、一九八三年に完成した町民センターをリファインすることになり、何度か訪れるうちにこのまちの文化の集積の豊かさに驚かされた。

日本海側にぽっかりと浮かぶ島は角島《つのしま》である。この島に日本海を通る船の安全を見守る角島灯台がある。明治六年（一八七三）、イギリス人技師リチャード・ヘンリー・ブラントンの指導のもと、二九・九mの高さを誇る石造の灯台が完成。彼は日本国内に三〇余基もの灯台を設計しているが、この角島灯台は最高傑作といわれている。今でももちろん現役として使われている。平成一〇年に角島大橋が架けられ、角島は陸と結ばれた。

また、土井ヶ浜遺跡は、同時期に発見された佐賀県の吉野ヶ里に比べ一般的な知名度は低いが、約三〇〇体の弥生時代の人骨や副葬品などが出土し、国指定史跡になっている。人類学ミュージアムが置かれ、人骨の研究に関しては日本ではもっとも権威のある研究所として名高い。ただし、建物は急ごしらえのプレハブである。

産業としては農林水産業はもとより、萩ほど有名ではないが伝統のある窯元があり、それに

角島と本土を結ぶ角島大橋

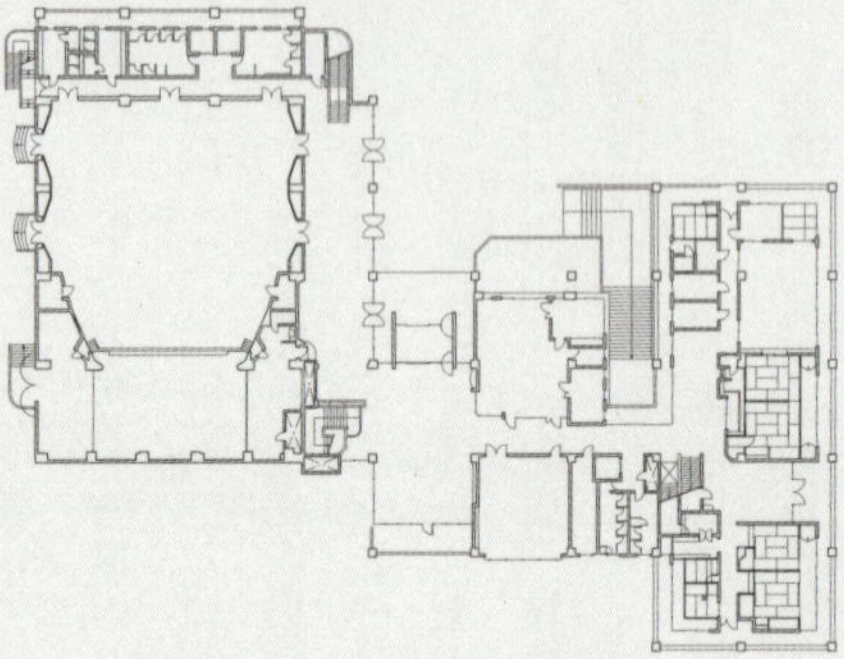

1階平面
S=1:1200

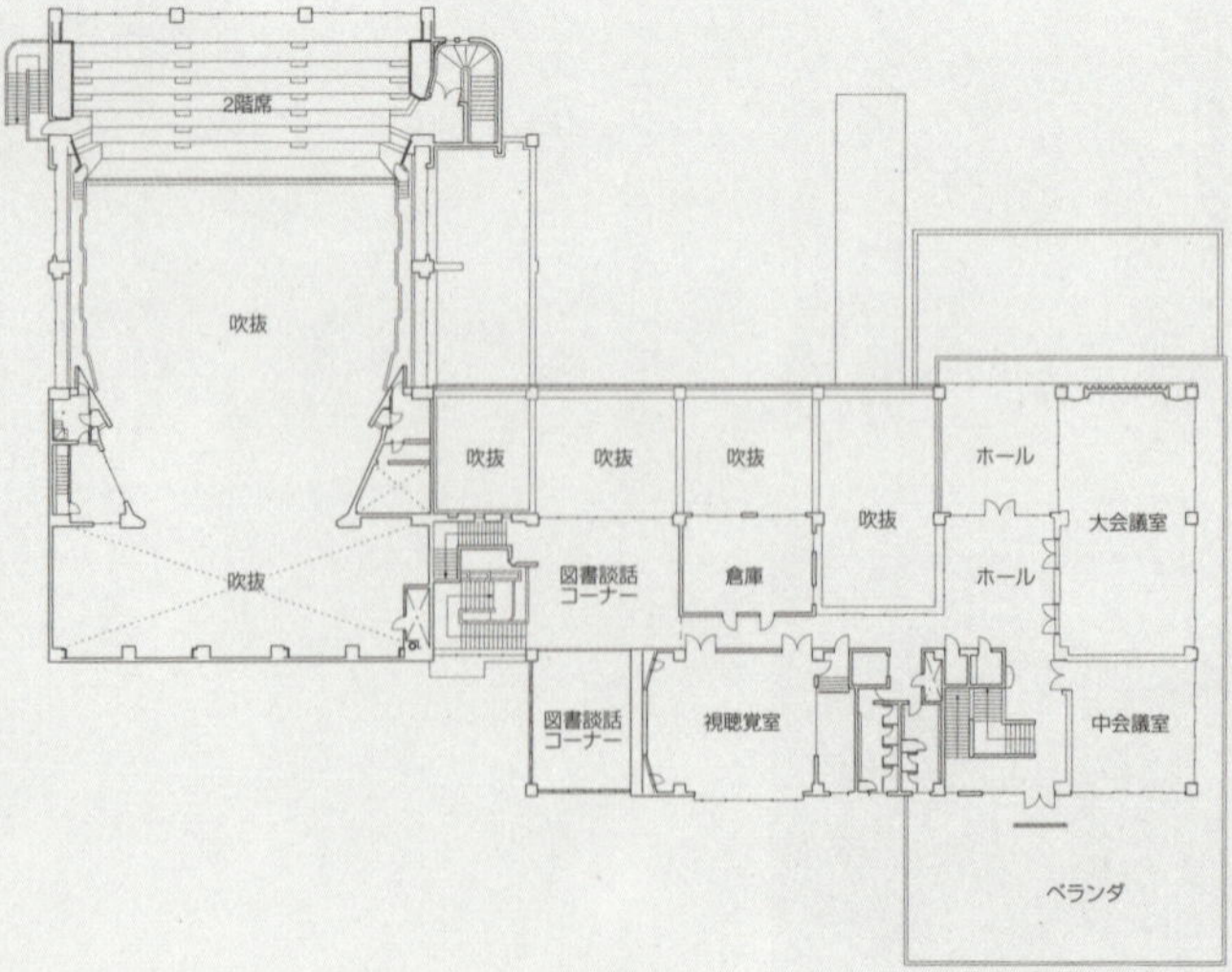

2階平面

After 展示・多目的ホールなどの複合施設

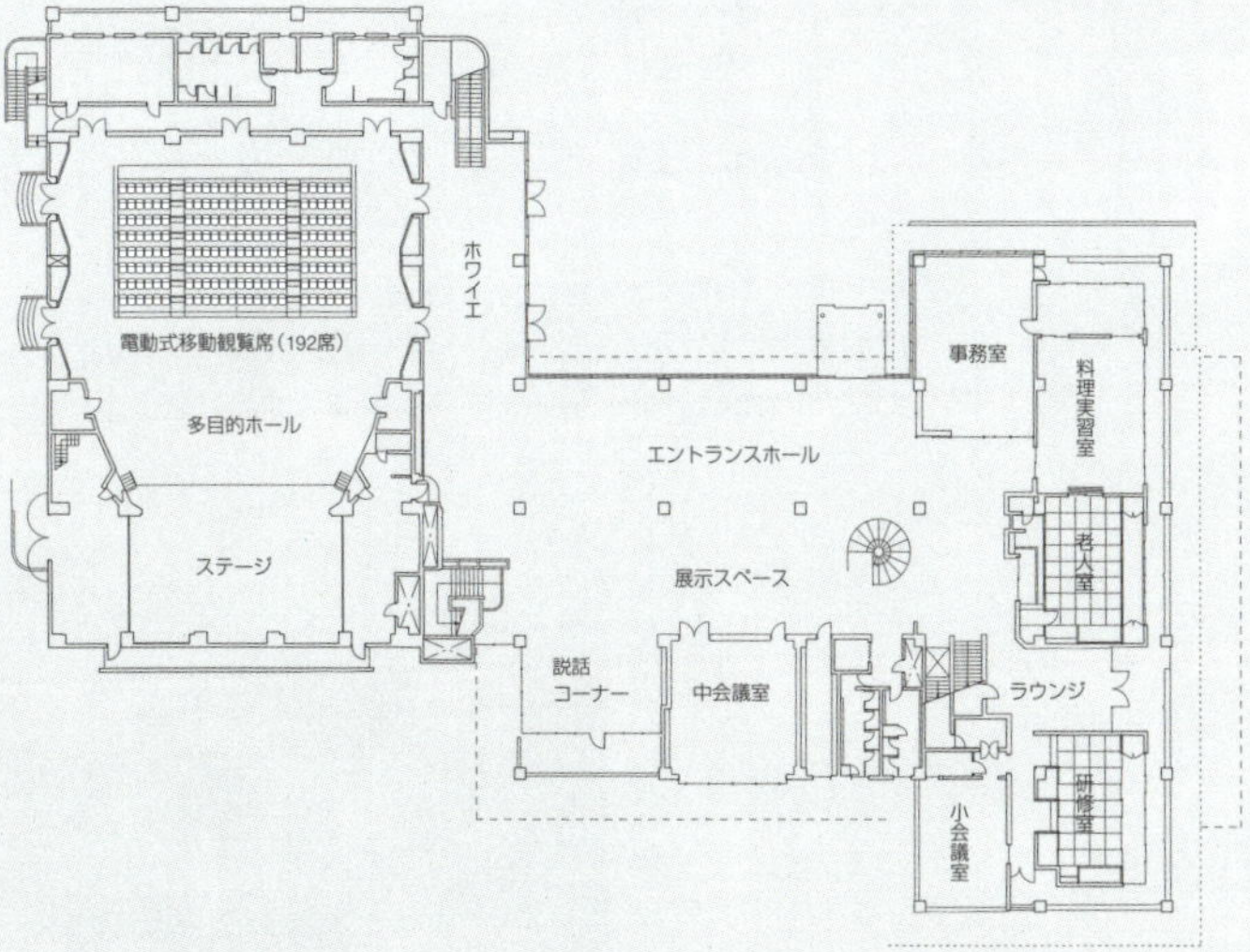

1階平面
S=1：800

ともなう焼き物教育のあり方も試行されている。リファインが計画されている町民センターでは作品の制作や展示など啓発活動が盛んに行われていて、萩よりも親しみを感じさせ、焼き物入門にはもってこいのまちとしてイメージアップを図ることができると思われる。

また、中学校等の統廃合も計画されており、合併にともない不要になる公共施設の再利用はまちの未来にとって大きな役割を担うのではないか。学校跡地の利用としては、人類ミュージアムの付属施設研究所としての役割が重要なテーマとなるのではないか。また、焼き物教室や工房などに再利用することも充分に考えられる。温泉もあり、海、山といった自然環境に恵まれた豊北町は、可能性を秘めたまちとしてぼくの目に映った。現在、町民センターのリファインの設計を進めるとともに、学校の再利用についての提案も同時に行っている。

じつは、このまちには学校を再利用した先例がある。豊北町出身でクラブ化粧品の創始者である中山太一氏が兄弟と共に寄付した旧滝部小学校はドイツ人の設計といわれているが、詳細は不明である。ルネッサンス様式を取り入れて石造建築を木造に引き写した建物で、大正時代の代表的な学校建築として山口県の有形文化財に指定されている。中央に本館があり、左右のウイングが教室として使われていたのであろうが、一部は解体されている。現在は豊北町歴史民俗資料館として使われていて、学校建築のコンバージョンのよい例となっている。この小学校は歴史的価値があるから再利用されたと考える向きがあろうかと思われるが、しかし、歴史的価値というのは時間の経過で評価の基準が変わってくるものだ。少しロングスパンで考える必要があるだろう。

統廃合が予定されている学校の一つに角島中学校がある。海に面したこの学校は豊北町役場に勤める中塚芳希氏による設計であるが、美しい海と相まってそのままリゾートホテルになるのではないかと思われるような立派な中学校である。エントランスホールの天井は高く取られ、

豊北町歴史民俗資料館（旧滝部小学校）

ゆったりとした空間が広がる。

豊北町は下関市などとの合併が決定している。合併にたいする町民の不安は大きいが、次の時代のために何かしなければという強い気持ちが伝わってくる。このまちにはなによりも大きな文化遺産がある。それをネットワークして結べば、魅力的なまちのイメージが浮かび上がってくる。

蒲江の漁撈用具収蔵展示資料館

二〇〇三年夏、「蒲江町　環境・建築・再生ワークショップ」を開催した後、しばらくして蒲江町の仕事をすることになった。廃校になったぼくの母校河内小学校の体育館をコンバージョンして漁具資料館にするという計画である。設計がスタートした時点で計画の骨子はほぼ決められていたが、ぼくの目から見ると、展示空間に関してはかなり練られていたものの、シェルターとして既存の建物を今後何年もたせるかに関してはいささかの疑問が残った。そこで、町、県の文化課そして、別府大学の段上達雄先生からご指導いただきながら、計画を一から練り直す作業を行い、それをもって文部科学省に打ち合わせにいくことが何度か繰り返され、やっと着工の運びとなった。二〇〇五年春には完成の予定である。蒲江ワークショップの思い出がいっぱいつまった建築をつくりたいと思っている。

子どもの頃、朝起きるとみそ汁の匂いがした。アジを入れた「ぶえん汁」と呼ばれるものだ。週の半分は魚のみそ汁だった。早朝、中薮商店のおじさんが大型の自転車の荷台にピチピチはねる魚をのせて売りにくる。朝、寝たいのを起こされて家の斜め前の岩見とうふ屋まで買いに行かされるのがイヤでイヤで、前の晩に姉や妹に押しつけていた。自分の家でつくった野菜を

既存1階平面　S=1：800

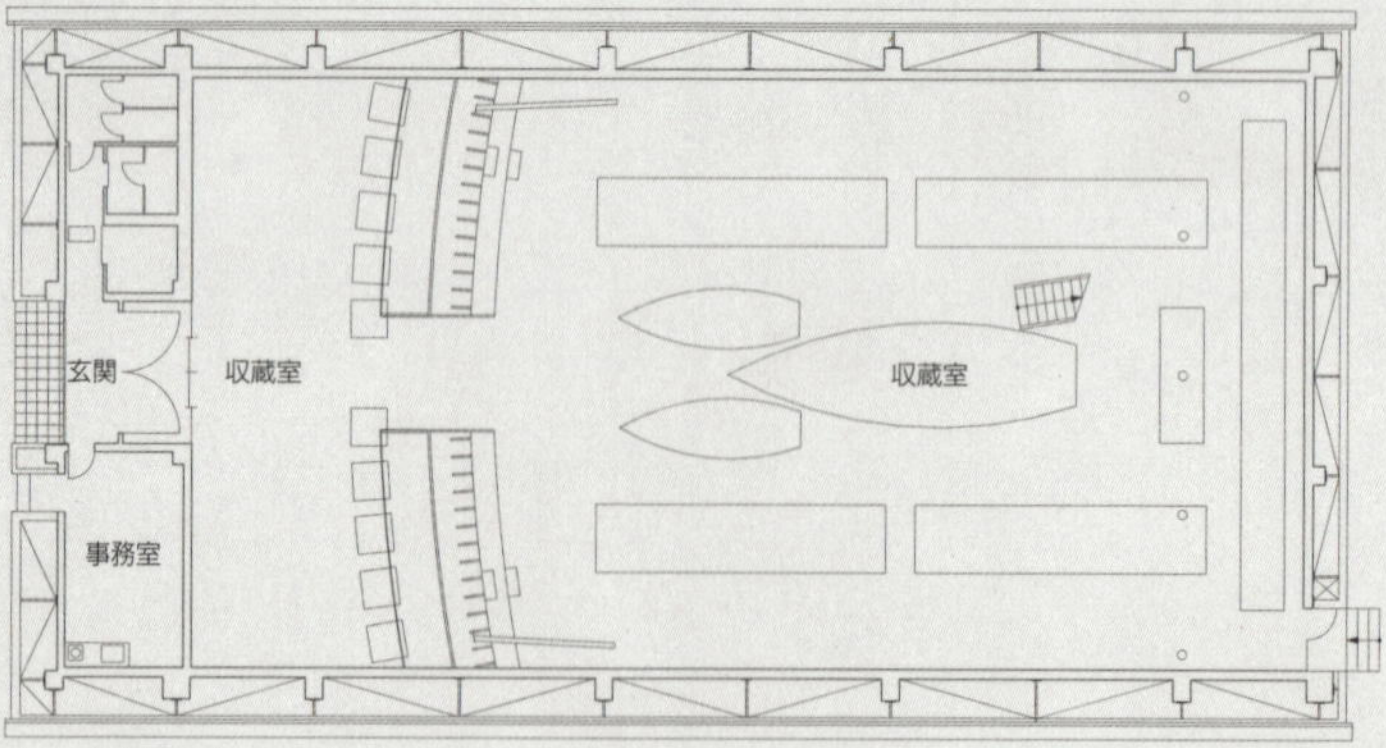

1階平面　S=1：400

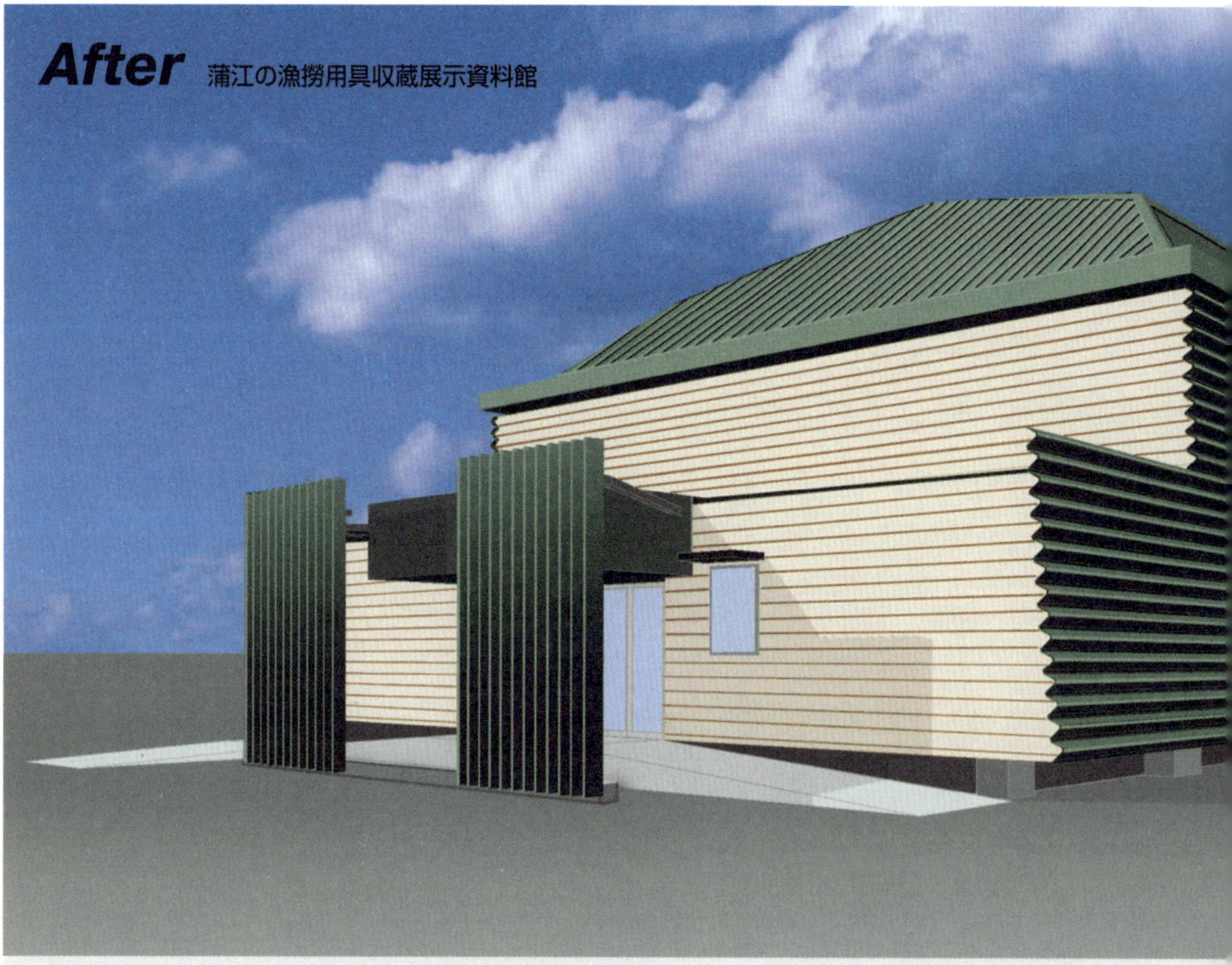
After
蒲江の漁撈用具収蔵展示資料館

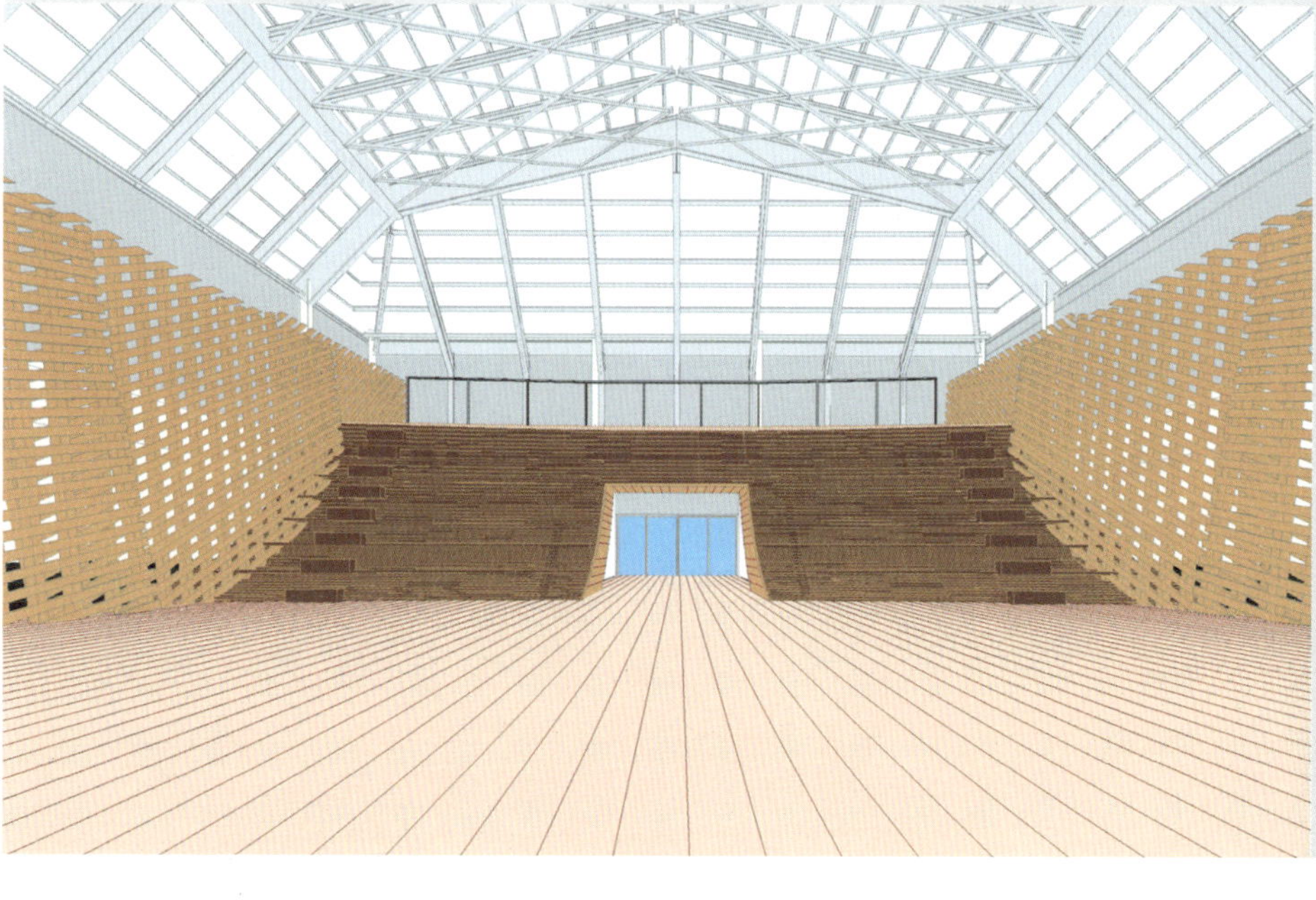

入れてつくるのがいつもの朝飯である。家は学校から歩いて五分ほどだったので、昼飯も家に食べに帰った。たいてい、開きと呼ばれるアジなどの干物か焼き魚であった。それにときどき卵焼きがつく。夕食は刺身に魚のフライやお煮付け、ときにはブタやイノシシ料理もあった。今思えば豊かな食卓であった。そんな豊かな食卓を支えていたのが、一本釣り、たて網、まきえなど、先人の知恵の中から生まれてきた漁法である。

本書の「蒲江町案内」に登場する蒲江町教育委員会の清家隆仁さんたちが、漁法の近代化によって忘れ去られようとしていた漁具をこつこつと集めたものが蒲江ワークショップの舞台となったマリンカルチャーセンターに収蔵されているが、今では展示し切れないほどの量がある。そこで二〇〇五年四月の合併を控え、河内小学校の体育館が収蔵展示資料館にコンバージョンされることになったのである。

先ほども触れたように、ぼくは八女市で二つの建物をリファインし、三つ目のリファイン建築を提案しているが、現在、全国から多くの人たちが八女市のリファイン建築を見学に来ている。蒲江町の五つの廃校すべてをというのは贅沢だとしても、できれば三つくらいはリファインしたいと思っている。そうすればリファイン建築ツアーが組める。全国から見学者が集まり、建築が多少なりともふるさと・蒲江に役立つのではないかと考えている。

蒲江ワークショップの後、ぼくの事務所に計画案を見た町の有力者が訪ねてこられた。お叱りを受けるのかと心配していたら、「たいへん面白い、どうか頭をしっかり使って営業し、仕事を受注してほしい。そして、いいリファイン建築をたくさんつくってほしい」といわれた。胸が熱くなるのを感じた。ワークショップの成果が表れて、リファイン建築に光が射したと思った瞬間であった。

ぼくは、二〇〇三年一二月に中国、二〇〇四年は三月にロシア、一〇月にイギリスとここ一年間に海外を含めて二八回、リファイン建築の講演を行った。なかなか思うように営業に回れない歯がゆさはあるが、ふるさとを遠くに思うか、近くに思うかは自分しだいだと思っている。時間は限られているし、体は一つしかない。「努力」の二文字しかない。

とりりおんコミュニティ

現在、岐阜駅前の目抜き通りで、オフィスビルのリファインが進行中である。ことの起こりは、太平洋セメントの下田孝常務より、「とりりおんコミュニティ」の山崎裕司会長を紹介されたことに端を発する。山崎氏はその著書『建設崩壊』（プレジデント社、一九九九年）の中で建設業の現状に警鐘を鳴らした人である。とりりおんコミュニティとは、大手ゼネコンが全国ネットで営業活動をしているのに対抗して、地方のゼネコンがネットワークを組み、共同受注や資材の共同購入、また技術の開発や研究をしていこうという組織である。そして、とりりおんコミュニティ全体でリファイン建築研究会に入会してくれ、その会員である内藤建設の持ちビルのリファインの設計が始まった。ぼくの講演を聞いた若き社長、内藤宙氏が決断を下したのである。内藤建設の創業記念日の記念行事として社内講演会を頼まれ、全社員の前でリファイン建築の概要とこのビルのリファインについて説明をした。当初はあまり乗り気でなかった会長も、面白いといって賛成にまわってくれた。

この計画は、既存建物の横に同じボリュームをもつ増築を行い、この増築部分に既存部分の水平力を負担させようというものである。そのためには、地盤の地耐力など種々の条件がそろわなければならないが、今井克彦大阪大学教授が考案したＰＧ工法を使うことによって可能となった。この計画案は県の建築審査会の承認を得なければ許可されないが、五回にわたる審議

とりりおんコミュニティ
北海道から沖縄まで全国各地の中堅建設会社を中心とした組織。建設産業の再生、地域再生を目的に、二〇〇一年に結成された。

ＰＧ工法
耐震補強方法の一つ。これまでのブレスによる耐震補強は、口型の内部にＶ字型のブレスをつけ、それを柱、梁の内側にケミカルアンカーで固定し補強するが、それに対しＰＧ工法は、柱、梁の外側に鉄骨でつくられた口型のものを連結して補強する工法。

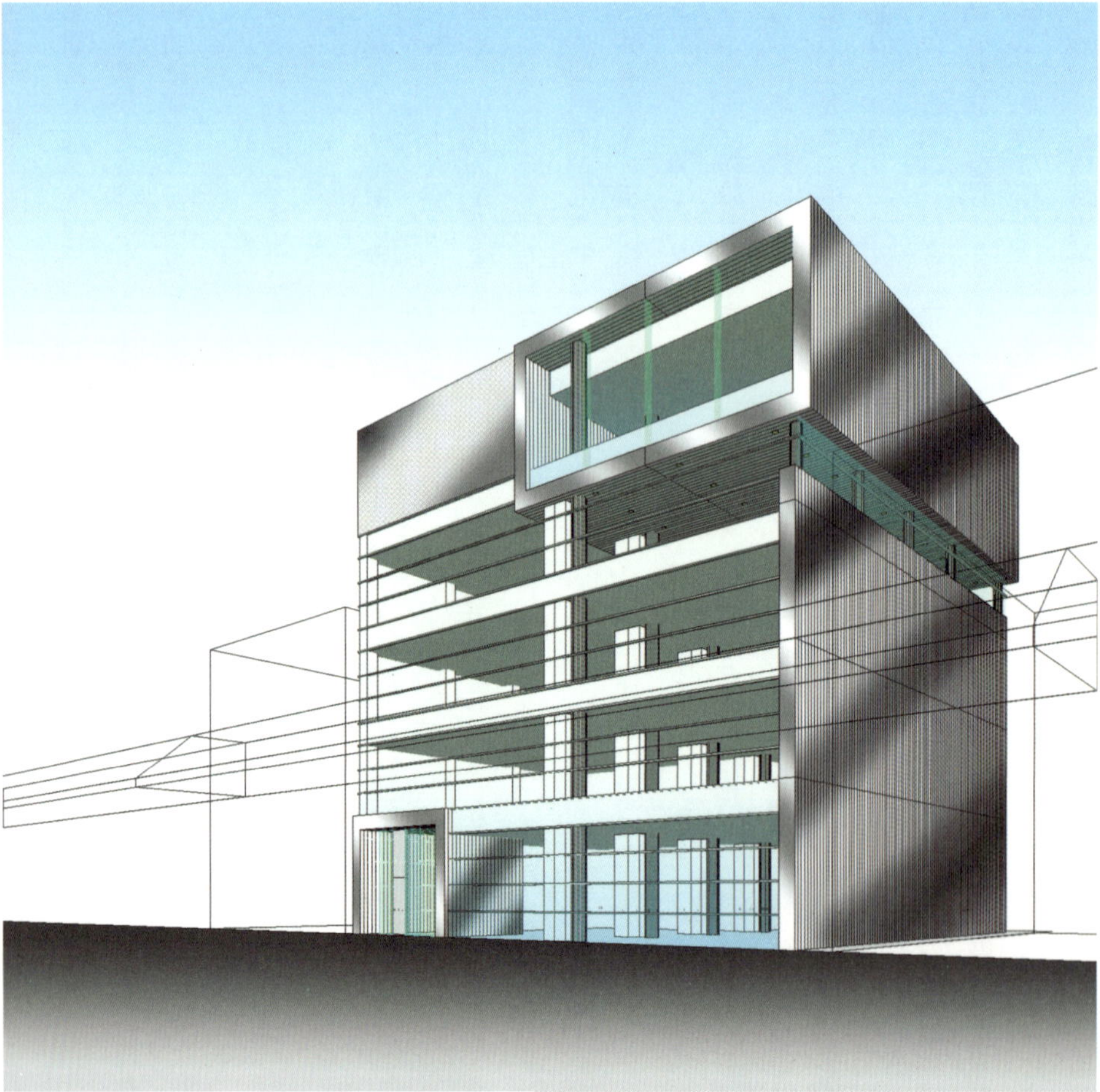

Befor
神田町Nビル（仮称）
アート・ファ

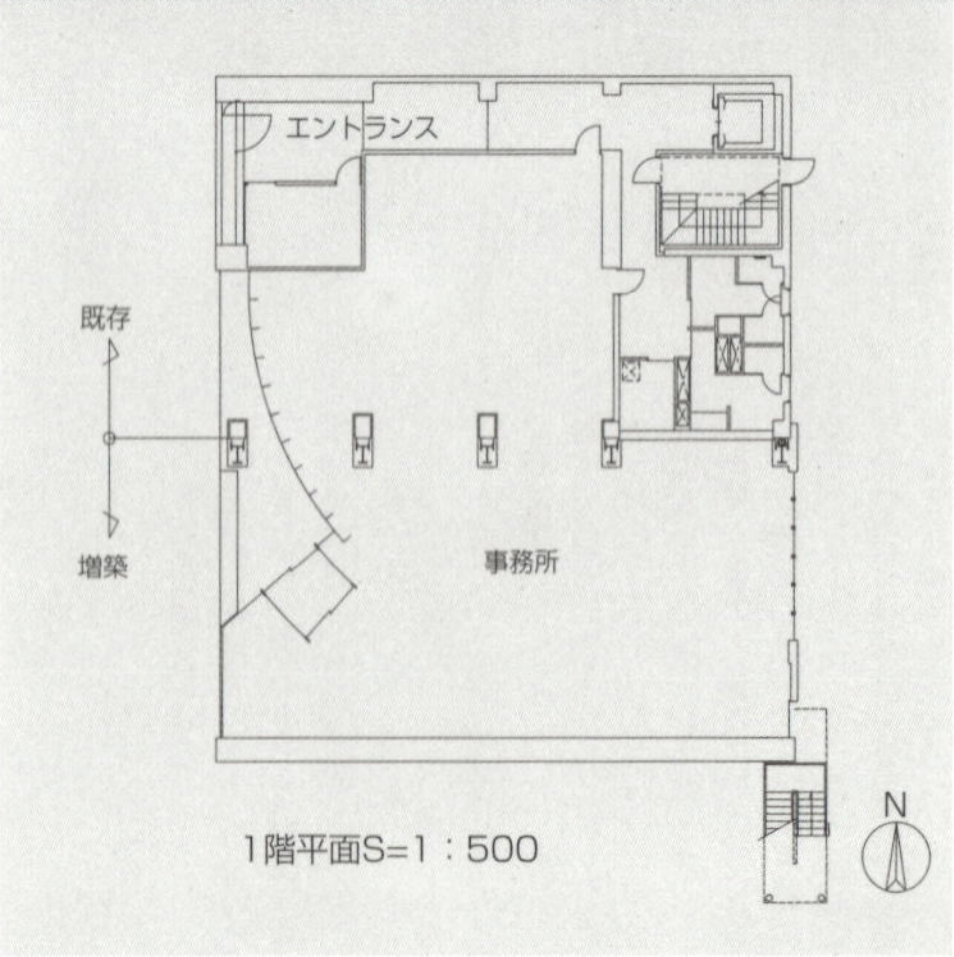
エントランス
既存
増築
事務所
N
1階平面S=1：500

を終えてようやく着工の運びとなった。新しい技術への挑戦は、賛成派、反対派、推進論、慎重論さまざまあって、多くの人々の手を経過しなければ、ことはなかなか進まない。この新しい試みが、日本の建築界に新しい一頁を刻むものと確信している。

内藤建設をはじめ、とりりおんコミュニティの関係各社の取り組みは、自社所有のビルをリファインすることによって実績を積み、自らの技術力を高めようという考え方である。ぼくのアドバイスを受けていきなりリファイン建築の仕事をするといっても、なかなか仕事には結びつかないと考えたらしい。自社ビルをリファインして、技術力と完成した建物の美しさ、コストをアピールすることにより、営業展開していくという手段に打って出たのである。なかなか勇気のある適切な方法だと、ぼくもがぜんやる気になった。困難を共有しようとする思いに強く胸を打たれたのだ。この方法は規模の大小に関わらず、グループ内に不動産会社を所有する会社にとってたいへん有効な手段ではないかと思っている。リファイン建築をやってみたいと訪れる建設会社の方々は、ともすればリファイン建築研究会に入れば仕事がくると思いがちだが、リファインを含めた再生建築の仕事は大手ゼネコンでも受注に苦慮している。過去に施工を担当した現場所長さんが施主との信頼関係を築き、小さな営業活動の中でさらに信頼を積み重ねながら少しずつ再生建築の実績を積んでいかないと、なかなか難しい。身内の建物で実績を上げるということは技術の蓄積の実証にもなる。このようにグループ内に目を向けるという試みは、他の産業では実証ずみである。

五十嵐太郎さんの著書『ビルディングタイプの解剖学』(二〇〇二、王国社)にフォード社の話が出てくるが、フォードは一九一三年、コンベアラインによる組み立てをスタートさせ、年産二三万台という生産能力を実現した。その結果、一九〇八年に八五〇ドルだったT型は、一三年には四九〇ドルに値下げされた。そして注目すべきは、一万三〇〇〇人いた労働者をもっとも

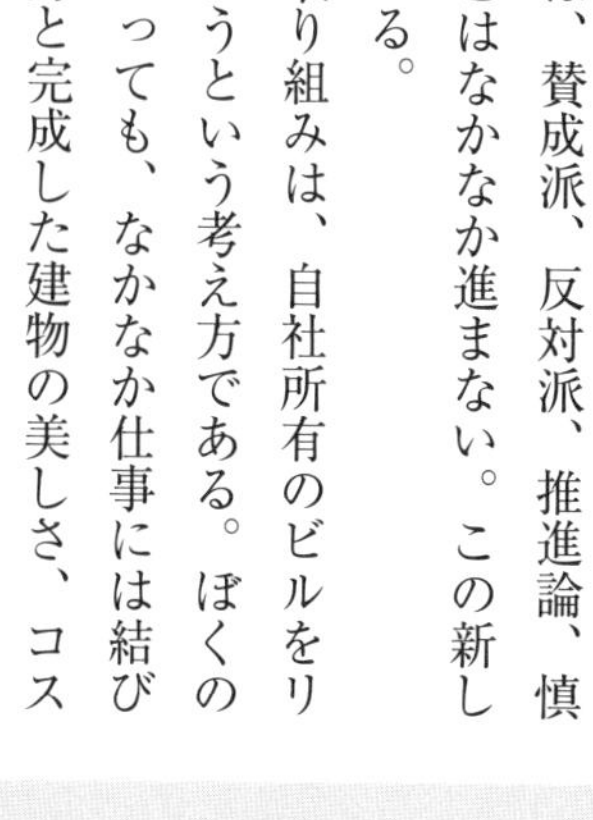

既存1階平面S=1：500

手近な顧客ととらえたことである。工場労働者たちが自分たちのつくっている自動車が買えるようにと、日給二ドルだった最低賃金を五ドルに引き上げ、同時に労働時間を八時間に減らして働き口を増やした。その後、労働者は増え続け、一九一五年に一万九〇〇〇人、一九一六年には三万三〇〇〇人、一九二四年には四万二〇〇〇人に達している。こうしてコンベアラインは安価な商品を大量生産し、大量の労働者を生み出すと同時に、その商品を買う消費者を次々と再生産し、社会を永遠の消費運動を行う自動機械へと変えていくのである。このような取り組みは自動車産業が大発展を遂げるきっかけとなったことであり、身近なところをクライアントにするという、もっとも適切なる手法ではないかと思う。

リファインとコンバージョン

最近、リファインとコンバージョンはどう違うのかという質問をよく受ける。松村秀一東京大学助教授によりコンバージョンという概念が提唱され、主にオフィスビルを集合住宅にという研究が発表されているが、オフィスを病院にしたり、ホテルを福祉施設にすることも、コンバージョンである。

ぼくは、一九九九年に『建物のリサイクル』（学芸出版社）という本を出版した際に「リファイン建築」という言葉を初めて使い、「リファイン建築の五原則」をかかげた。

①環境にやさしい
②新耐震基準をクリア
③建物の用途変更が可能
④大幅なコスト削減

◎海外のコンバージョン実例

オルセー美術館（パリ／設計：ガエ・アウレンティ）
一九〇〇年のパリ万国博覧会開催に合わせてつくられた駅舎兼ホテルだったが、一九三九年、鉄道駅としての営業を停止した。その後、さまざまな用途に用いられたのち、一時は取り壊しの危機もあったが、フランス政府によって保存活用策が検討され、一九八六年、一九世紀美術専門の美術館に生まれ変わった。

⑤内外観ともデザインを一新

もともと、リファイン建築の出発点は、大分県鶴見町の旧海軍防備衛所跡を展示資料館に、宇目《うめ》町の宿泊研修施設を町役場に、野津原《のつはる》町では母子センターの事務所施設を福祉施設にコンバージョンしたものであった。このとき、建築基準法上の積載荷重が軽くなる建物については問題ないが、宇目町役場のようにコンバージョン後の建物の積載荷重がオーバーする場合、そのままでは使えないという場面に直面した。そこで、建物の自重を減量することにより耐震的に有利になることを思いつき、実行した。このことが今日のリファイン建築の評価につながっている。つまり、コンバージョンがなければ、リファイン建築は生まれなかったかもしれないのである。コンバージョンを内蔵したものが、リファイン建築であると考えてもらえばよい。

システム&フォーメーション

ぼくは事務所でかなりのカミナリ親父である。毎日雷を落としている。そして、所員をよく殴る。事務所にはときとして中途採用者が入所するが、その人たちがなかなか育たないのは、ぼくがカミナリ親父だからだと思っている。実務経験者とはふつう、新築の設計、つまりゼロから建築をつくるというトレーニングを受けた後にぼくの事務所に入ってきた人たちである。どうも、そういうトレーニングを受けた人たちにとって、リファイン建築は面倒な作業の連続のようである。経験より、面倒くさいという思いが先に立ち、何かが欠けて、詰めの作業が甘くなり、失敗を繰り返す。それに懲りて退社してしまう。

ぼくは、リファイン建築は面倒くさい仕事だということを初めに叩き込むことが、リファイン建築にもっとも早く近づく道だと考えている。早く教え込もうと思うので、ついつい雷を落

カステルベッキオ（ヴェローナ／設計：カルロ・スカルパ）
中世ヴェローナの代表的な建物の一つ。内部が改装され、美術館にコンバージョンされている。

としたり、手が出てしまう。教えることは山のようにある。調査から完成まで、息もつかずに作業をさせる。それを積み重ねていかなければリファイン建築に明日はない。

建物の再生という仕事は、現状の建物のよし悪しを把握することから始まり、どのような手法によって、安全で、新築に負けないレベルのデザイン性や機能性をもつ建物をつくるかを考える。そしてなによりも、安くなければリファイン建築は普及しない。朝から晩まで、いや深夜までこの作業が続く。この作業の積み重ねにより、リファイン建築はようやく市民権を得ることができると考えている。

しかし最近、ただ単に雷を落とすだけでは、所員の頭の構造はなかなか変わらないことがわかってきた。そのことにもっと早く気づかなかったぼくの頭の中身も、所員と同じようなものかもしれない。

そこで設計手法や思考システムを戦いととらえ、フォーメーションを変えることにした。今までとは違った設計手法や、監理手法の新たな構築を模索しながら進めていこうと考えている。以前、自衛隊員から、国籍不明の戦闘機と遭遇したときにミサイルを発射するかしないかは三機編隊であれば小隊長が判断して実行するという話を聞いたことがある。地上軍もそうであろう。敵のタマが飛んでくるというとき、総理大臣の許可を待っていたのでは、話にならない。やはり現場の指揮官の判断がもっとも重要である。しかし、小隊長に任命されるまでには相当の訓練を積まなければならないし、当然のことながら、能力があるかどうかを見極めなければならない。

設計の作業もまったく同じで、能力を向上させるためには、数多くの経験を積むしかない。一般的な現場見学ではこの能力は備わらないことを確信した。そこで全員参加できる設計と思考システムのプロセスをまず開発した。そして現場では、最終判断は施主、施工会社、われわ

テートモダン（ロンドン／設計：ヘルツォーク&ド・ムーロン）かつて火力発電所だった広大な建物を改装した現代美術館。国際コンペティションで設計者が選ばれた。ライトビームと呼ばれる、最上階に増築されたガラスの箱が特徴。テムズ川対岸にあるセントポール大聖堂とミレニアムブリッジ（設計：ノーマン・フォスター）で結ばれている。

れの事務所の三者で行い、それを最終決定案として進めていくことにした。それは必然的に設計段階でのわれわれのミスや記入もれなども施主の目にさらされることになる。しかしながら、完成までにはあらゆる問題が解決し、施主の信頼を得ることができると信じている。

一例を挙げれば、今までやってきた地方におけるリファイン建築は、いかに解体量を多くして、軽量化を図るかを主眼において設計を進めてきたが、都市部における工事では、解体量を少なくしてつけ加える作業を多くしたほうがあらゆる面で有利なことがわかってきた。東京・自由が丘の「緑が丘シャトー」の現場は、このような事例の出発点である。芸術的な解体ができたと自画自賛している。

住みながら施工

大分市内にあるぼくの事務所から歩いて一〇分ほどのところに古ぼけたマンションがある。ある日、この「日田農機ビルマンション」のオーナーから突然電話をいただいた。「あなたの著書を読んだのですが、このビルもリファインできますか?」。そして、住んでいる人たちはいったん立ち退いてもらわなければならないのだろうか、できれば住みながら工事ができないだろうか、というお話だった。かねがねやってみたいと考えていた「住みながら施工」のチャンスだと思い、すぐに調査に取りかかった。シュミットハンマーなど軽微な調査で、充分リファインが可能であると判断された。

今まで経験を重ねた中で、PG工法を採用すれば、内部工事に関わりなく耐震補強ができる。集合住宅で実験的に行った給排水管の取り替えの手法、旧管と新管の移動、移設などのノウハウにより、住みながら施工は充分に可能であると考えていた。現在、一〇月には確認申請提出、

ガソメーター（ウィーン／設計：ジャン・ヌーベル、コープ・ヒンメルブラウほか）
もとは一九世紀末に建設されたガスタンク。タンク一基の高さ七五m、直径六五m。一九八六年、天然ガスへの転換にともない閉鎖。その後再利用について議論され、タンク内をくりぬき商業施設、集合住宅、ホールなどの複合施設とすることが決まり、四基のタンク改修を四組の建築家が手がけた。

一一月着工、二〇〇五年三月には随意的に行う室内の工事を除いて完成する予定で作業を進めている。

山岡淳一郎さんの著書『あなたのマンションが廃墟になる日――建て替えにひそむ危険な落とし穴』(二〇〇四、草思社)にも詳しく書かれているが、分譲マンションの再生が可能か否かは、社会的大問題である。それを解決する手段として、住みながら施工はもっとも有効な方法になると考えている。

記憶の破壊

つねづねぼくは、日本の地方にはアイデンティティが欠落していることが気がかりだった。自分たちの地域にたいして「誇り」がないのである。東京にすべての目が注がれ、自分のまちはだめだと思っている。なぜこのような精神状態になったのであろうか。

このことにたいする建築的分析を、東京大学の藤森照信先生が述べている。

「夜寝た時と朝目覚めた時の場が違っていたら、人間は気が狂うのではないか。また、記憶の連綿の中で人間は自分が自分であることを確認するという作業を行っている。この確認する作業の中に日常の風景や建築があり、日常的に利用する道の途中で目にする建物が取り壊されると記憶の一枚のチップが消えたことにより嫌な気分になる。そして、そこにあった建物がなにか思い出せない。都市はこのような行為をずっと行ってきた。自分史を知らず知らず消滅することになる」

ぼくは、このことが誇りを失わせたのではないかと思う。

人間は、一度手に入れた文明の力や富を簡単には手放せない。むしろ、それを死守しようと

パディントン駅(ロンドン/設計:ニコラス・グリムショウ)一八五四年に建設された初期ヴィクトリアン様式の駅舎の外観を尊重しながら、ハイテク装備のハブステーションに改修されている。

し、より大きなものを手に入れようとして、摩擦が起こる。サミュエル・ハンチントンの『文明の衝突』（一九九八、集英社）を読んだとき、まさにそのことをいっていると感じた。進化や進歩にともなうシステムを構築しなければ、人間は満足しないのではないか。

　これまで、民家を中心とした小規模な建物の再生は多くの実績を上げてきた。大分県湯布院町などはそのよい事例である。ただ、観光地などで行われている形態保存の手法だけでは、現在および未来の生活や社会的活動において、さらにエリアを広げた解決は難しいと考えている。

　もともとぼくは、個別の建物を耐震性能を含めて再生させる手法としてリファイン建築を考案した。その中で、福岡県八女市や大分県蒲江町のように合併問題を抱えた自治体は、単体の建物を超えた、地域の問題や都市問題を解決する手段としてリファイン建築に期待していることに気づいた。ストック活用手法の応用問題を出された気分であった。また、旧七五三ビルのような集合住宅のリファインは、団地をはじめ大量の集合住宅のリファインにつながる。それが地域全体、都市全体にどう広がるかについて考えてみるのは、それほど難しいことではない。

　日本の都市の歴史的重層性のなさはスクラップ&ビルドが原因と考えられるが、リファイン建築はその根底に対象となる建物、さらにはその建物が建つ地域の歴史を抱えながらの作業となる。ぼくは、リファイン建築によって、パリやロンドンなどの都市がもっているような歴史の重層性を、日本の都市や地方も手に入れることができると確信している。

知識の集積基地としての地方

　これまで地方は人の流出に悩まされてきた。われわれ団塊の世代が社会に出て三〇年。戦後は終わったといわれた時代から、高度成長、バブルの終わり、そして、今日の低迷の時代まで、

イマジネーションビル（ロンドン／設計：ロン・ヘロン）
通路を挟んで並んでいるエドワーディアン様式の二棟の既存構造物をいっさい壊さず、テント構造をつけ加えることで床面積を増加させた。

われわれの世代は都市と呼ばれる場所を舞台に走り続けてきた。ここにきて、五〇歳そこそこでリタイアやリストラに追い込まれている。もし、この世代が地方に帰り、そこに活躍の場があれば、その経験や技術の蓄積は捨てたものではない。ひとたび動き出せば、まだまだパワーを温存している。建築の世界でいえば、技術を叩き込まれた世代であり、クライアントへの気配りもできる。いい時代も悪い時代も経験した。団塊世代がもうひと花咲かせようと行動を起こせば、かなりの力になると考えている。首都圏で腐らせたままにするのはもったいない。われわれの世代を使いこなす力量が、今、地方の首長に求められている。うまくいけば、「アッ」というような地方の時代がやって来るかもしれないのだ。

老朽化した集合住宅をリファインした旧七五三ビル（福岡／設計：青木茂建築工房）

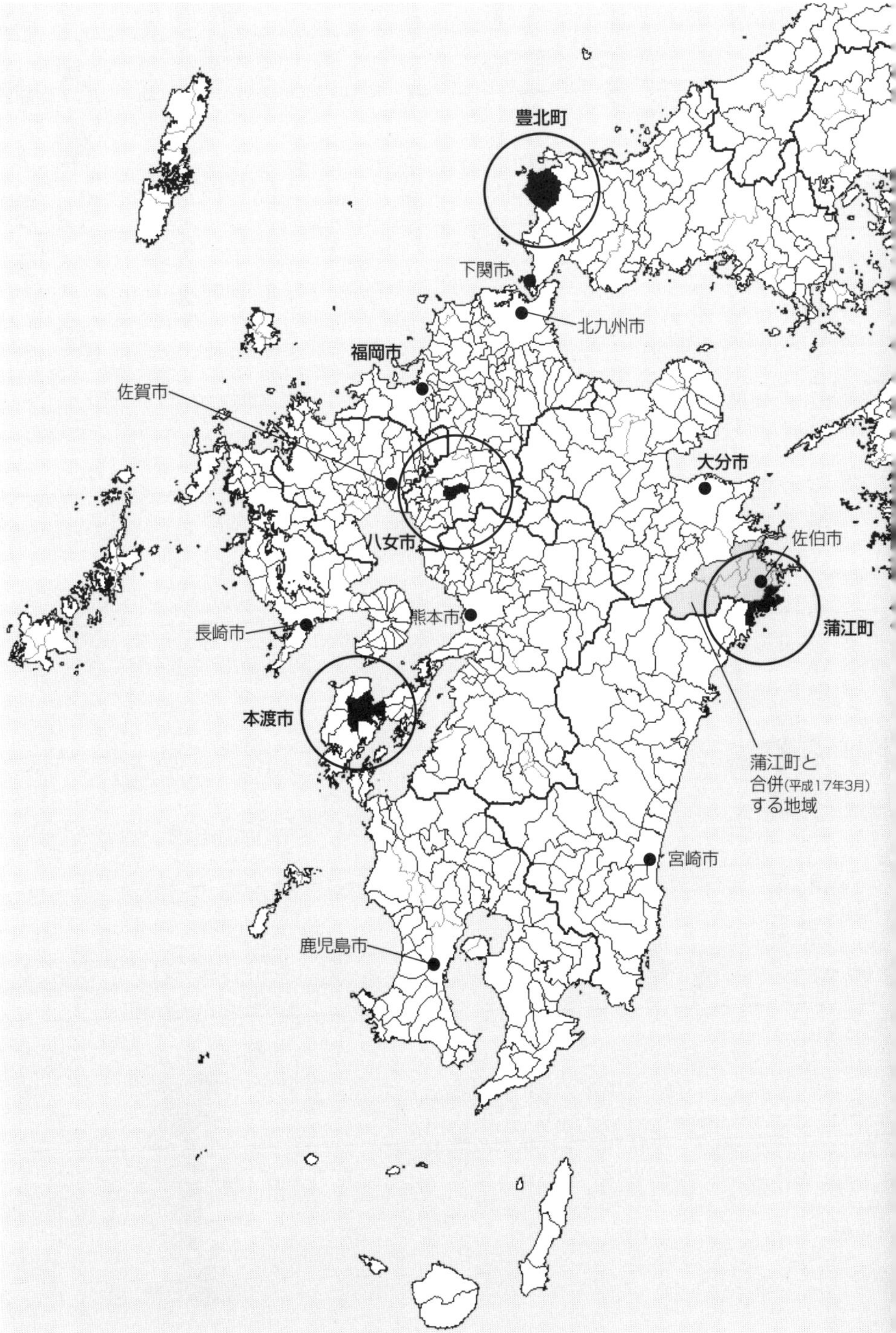
豊北町
下関市
北九州市
福岡市
佐賀市
大分市
八女市
佐伯市
熊本市
長崎市
蒲江町
本渡市
蒲江町と
合併(平成17年3月)
する地域
宮崎市
鹿児島市

合併でまちはどう変わるか

塩月厚信……大分県蒲江町長
岡部明子……千葉大学助教授
青木　茂

昔の蒲江、今の蒲江

青木●二〇〇三年夏、「蒲江町　環境・建築・再生ワークショップ」を開催したきっかけには合併問題があります。蒲江町に限らず合併は財政問題としてくくられることが多いのですが、未来に向けてかくあるべきという話をする必要があると考えて、全国の若い学生諸氏に一週間、蒲江に集まってもらったわけです。

塩月町長はぼくと同じように蒲江の出身で、高校まで県内にいて、大学卒業後県外で就職し、その後Uターンして帰ってきて、どういうわけか薬剤師から助役さんになり、二〇〇三年春、町長に就任したわけですが、蒲江が置かれている現状についてまずお話いただけますか。

塩月●私は平成四年（一九九二）に蒲江に帰り、平成七年に助役に就任しました。蒲江に帰って一番に感じたのは産業の元気のなさで、漁業資源の減少で漁獲量も少なくなり、働く姿が見えなくなりました。合併の話が持ち上がったのは平成九年頃です。町民にとって合併は「行政の目」が遠くなるという不安がありますし、どの町村にとっても痛みはあると思います。

昭和の合併当時は、貧しくはあったけれどエネルギーにあふれた時代でした。今度の合併は国家の意思が強く、国の台所事情を考えますと事務経費を減らすということが大きな考え方だと思います。昭和の合併のときには蒲江町の人口は約一万七〇五〇人だったのが、現在は約九一二〇人です。人口は半分になり、逆に世帯数はちょっと増えています。今は子どもの数が少なくなり、平成一四年、五校あった中学校は一校に統合されました。

今回のワークショップのテーマになった学校跡地は町有地ですが、地域の人たちが子どもたちのために税金を使って山を削り、小さな入江を埋めて、少しずつ広げて学校の規模を大きくしたところで、地域の土地だという意識が強いわけです。ですから、まちの人は学校跡地を何にでもいいから使ってほしいというわけです。浦々にあった学校跡地の使い方を町で考えていたときに青木さんと相談して、ワークショップの開催が決まりました。

当初、ワークショップとは何か、私自身よくわかりませんでしたし、いまだにわからないところもあるのですが、われわれからすると、蒲江にあれだけ大勢の若者が全国から集まったということ自体、摩訶不思議なことでした。若い人たちが自分で旅費を使い、参加費を払って蒲江に来てくれた。そして、帰るときに「また来たい」といってくれたことは、町を預かる者としてたいへんありがたいことだと思っています。

青木●今回の合併にたいして町内に反対論あるいは賛成論はなかったのですか？

塩月●合併しないとどうしようもないんじゃないか、という非常にものわかりのいい町だと思いました。

青木●わりあいうまくまとまったのは、昔から「佐伯の殿様浦でもつ」といわれたように、佐

明治の大合併・昭和の大合併

明治二一年の近代的地方自治制度である市制および町村制の施行に伴い、行政上の目的（教育、徴税、土木、救済、戸籍の事務処理）に合った規模と、自治体としての町村の単位（江戸時代から引き継がれた自然集落）との隔たりをなくすために、約三〇〇〜五〇〇戸を標準規模として全国的に町村合併が行われ、町村数は約五分の一になった。

さらに、第二次世界大戦後、新制中学校の設置管理、市町村消防や自治体警察の創設の事務、社会福祉、保健衛生関係の新しい事務が市町村の仕事とされ、行政事務の能率的処理のためには規模の合理化が必要とされた。

昭和二八年の町村合併促進法（第三条「町村はおおむね、八〇〇〇人以上の住民を有するのを標準」）およびこれに続く昭和三一年の新市町村建設促進法により、町村数を約三分の一に減少することを目途とする町村合併促進基本計画の達成を図った。約八〇〇〇人という数字は、新制中学校一校を効率的に設置管理していくために必要と考えられた人口である。昭和二八年から昭和三六年までに、市町村数はほぼ三分の一になった。

伯を中心に一体感があったからではないでしょうか。

塩月●でも、なんとなく佐伯と南郡は違うんだという空気は感じます。

青木●それは蒲江町内にもありますね。町長さんは蒲江浦の出身でぼくは他地域ですが、地蒲江は偉いという独特の気分がある。

塩月●蒲江町は上入津、下入津、蒲江町、名護屋村の四町村が昭和三〇年に合併したのですが、それ以来、選挙のときには政争の激しいところでした。

青木●蒲江の町民にとっては、今回の平成の合併によって蒲江町がやっと一体になったという感じがありますね。それまでは選挙のたびごとに地域同士の対立がありました。

岡部●伊能忠敬の日本地図を見ると、このあたりはいくつもの浦がつらなって描かれています。豊かなところだったんだろうなあと思いました。浦は全部でいくつあるのですか?

塩月●一二あります。昔から魚介類が豊富で、豊かだったと思います。

青木●ぼくの中学高校時代は自分で伝馬船をこいで小さな入江につけて、潜って貝を捕ってくるとそれが親父の晩酌のおかずになった。夏休みはそれがほぼ日課になっていました。

塩月●朝から麦ご飯を弁当箱に詰めて浜へ行って、サザエなんかを捕って焼いて食べたりしましたね。

岡部●私は今回のワークショップで娘と一緒に初めて蒲江に行ったのですが、景色はたしかにきれいなんですけれど、水が汚れているのにびっくりしました。蒲江の子に「海で泳がないの?」と聞いたら、「海で泳ぐとブツブツができる」と。

塩月●真珠の養殖業が大正時代から始まり、その後ブリ養殖が始まりました。内湾の閉鎖的な入江で、当時は養殖の技術が低くかったことと、また生活様式が大きく変化したのがその原因でしょう。

蒲江町の成立過程

明治8年	明治20年	明治22年	昭和30年
畑野浦	畑野浦	上入津村	蒲江町
楠本浦	楠本浦		
竹野浦河内	竹野浦河内	下入津浦	
西野浦	西野浦		
蒲江浦、河内浦	蒲江浦	蒲江浦（明治44年蒲江町に改称）	
尾形島			
猪ノ串浦	猪ノ串浦		
野々河内浦、坪浦	野々河内浦	名護屋村	
森崎浦	森崎浦		
丸市尾浦	丸市尾浦		
葛原浦	葛原浦		
波当津浦	波当津浦		

青木●ぼくが中学の頃ですから、四〇年くらい前に真珠の養殖がダメになって、高校に入った頃から魚の養殖が始まった。だんだん海が汚染されていって、海水浴に行くとそれが目に見えてわかりました。

塩月●今では関サバが有名ですが、かつては魚といえば蒲江でした。蒲江の隣に鶴見港がありますが、捕った魚は全部蒲江港に来たものです。干物にして付加価値をもたせる技術が蒲江にあって、一手にまとめて出荷していたわけです。貨物船もたくさんありましたが、しだいに漁獲量が少なくなると蒲江の大ざっぱなビジネスが災いしました。捕れる量は少ないのに、蒲江はいまだに大きな単位でしか出荷できない。たとえば、昔は一パック五〇匹とか一〇〇匹だった単位を、ほかのところはコンビニや小家族向けに一〇くらいの単位で売って、それが今の時代に合ったのに、蒲江にはそういう知恵がなかったんです。代々、大きく売るという感覚があるんですね。今でもブリ一網二〇〇〇万円といわれます。なかなか元気がいいところがあって、キャノンの創立者の御手洗さんも蒲江の出身です。

青木●漁師はバクチ商売みたいな感覚がありますね。よく、海の民は肝っ玉が大きいといいますが、「何でもＯＫ！」という感じで、緻密な商売は苦手です。

蒲江は出稼ぎの多いまちでもありました。祖父の時代は炭焼き、親父の時代からは「ぶんごどっこ」といわれる隧道掘りに出ました。新幹線の隧道掘りなどです。今はその勢いもなくなりました。それをぼくなりに解釈すると、昔は単身赴任だったけれど、今は家族で移住するわけだから、健全といえば健全なのかもしれませんね。

岡部●娘は蒲江の言葉を面白がってしばらくまねていました。「蒲江の人は嫌い、っていわないんだよね」と。「すかん」というんですね。好きじゃない、という意味ですね。絶対に「嫌い」といわないいんだねえ、と。

ぶんごどっこ（豊後土工）
大分出身の土木工事に従事する出稼者のことで、とくに古くから佐伯稼業人とよばれた県南の佐伯市、南海部郡上浦、鶴見、蒲江、米水津（よのうづ）等の出身者によって代表される。トンネル掘りにすぐれた腕とプライドをもち、危険をかえりみない突貫精神と行動力、純朴な人柄、仕事をいとわない働きぶりで知られた。

塩月厚信（しおづき あきのぶ）
一九五〇年蒲江生まれ。昭和大学薬学部卒業。関西で会社勤務ののち蒲江町に戻る。薬局経営などを経て、一九九五年蒲江町議会議員、蒲江町助役。二〇〇三年蒲江町長に就任。

塩月●「すかんのう」というのは、しょうがないからやってもいいかな、という気持ちを少し残した言い方でしょうね。
岡部●優しい言い方だなあ、と思いました。

海を捨てなかった浦は元気がある

青木●ぼくは今、山口県と熊本県でもまちづくりの基本構想をやっているのですが、海岸に面したところはほとんど同じような状況で、合併に関しても山間部のほうがもめています。海のほうはあきらめがいいというのか、いさぎいいというのか……。
塩月●しょうがないよ、どちらでもいいよ、という感じなんです。
青木●五つの中学校が一つに統合されて残りは廃校になるといったら、ふつうなら大問題になるでしょうが、蒲江では「反対してもしょうがなかろうが」ということでまとまっちゃう。
塩月●一方で、学校が統合したことの波及効果もあって、半世紀前の旧村単位のこだわりを消してしまいました。子どもたちが行き来するようになると、親も交流を始める。うちも中学一年と二年の子がいるのですが、蒲江浦だけでなく別の地域の親との交流が増え、地域間が本当に仲良しになって、昭和の合併が五〇年経ってようやく終わったんだなと実感しています。
岡部●どうしようもない対立でも、子どもが何かの救いになるかもしれない。パレスチナの和平でも、子どもを通した交流でイスラエルとパレスチナを仲よくさせようという試みには可能性を感じました。
塩月●たしかに時間がかかりますね。蒲江は半世紀かかりましたから、国と国になると五〇〇年くらいかかるのではないでしょうか。

青木●蒲江の中でも元気のいい浦とそうじゃない浦がありますね。

塩月●地域づくりは経済と切り離せないと思います。経済でがんばっているところは元気がある。西野浦や元猿の漁業協同組合は経営がしっかりしています。やはり経済ですね。地域づくりは経済、経済が地域をつくっていくんだと改めて感じました。

私が住んでいる蒲江浦は巻き網漁業の本家本元で、魚の干物をつくってそれを保存する場所があるような大きな家がたくさんあったのですが、それも今は数えるほどになりました。水産加工から養殖業に転じた家もあったのですが、昭和初期の湾の汚れで魚の変死が一気に出て、うまく波に乗れなかった。今は巻き網漁業もほとんどなくなりました。水揚げが少なくなってくると人手もいらなくなりますし、高齢化も進んできました。

岡部●地域づくりに経済は欠かせないとおっしゃいましたが、他力本願な、一過性の経済は地域づくりにつながらない。長い目で持続的に地域づくりにつながる経済が重要だと思います。そんなに盛り上がったこともないけれど、延々と続いているような産業を大切にしていくと地域が高まってくる。

塩月●蒲江でも海を捨てていない地域は元気がいいんです。

岡部●目先の甘いものに飛びついて一時的に経済がうまくいったようなところは、逆に後がつらいんですね。

塩月●経済を見損なうということがありますね。いつまでもその経済が続くと思ってしまう。

合併は地域格差逆転のチャンス

青木●ぼくは合併後の地域をイメージするときに、吸収する側と吸収される側、つまり佐伯市

岡部明子（おかべ　あきこ）
東京生まれ。一九八五年、東京大学工学部建築学科卒業後、磯崎新アトリエ（バルセロナ）勤務を経て、一九九〇年バルセロナで独立。帰国後、東京を基点に建築などのデザインを手がけるかたわら、雑誌等に寄稿。EUサスティナブルシティについて研究、執筆活動をしている。現在、千葉大学助教授。著書に、『ユーロアーキテクツ』（一九九八、学芸出版社）、『都市のルネッサンスを求めて、社会的共通資本としての都市』（共著、二〇〇三、東京大学出版会）、『サステナブルシティ　EUの地域・環境戦略』（二〇〇三、学芸出版社）。

のように母都市になるところと、蒲江町のように吸収される側の役割について考える必要があると思うのです。

岡部さんが研究しているEU統合は一〇〇万人、五〇万人都市から小規模な五万人くらいの都市まで網羅されていますが、EUのいい面と悪い面についてお話いただけますか。

岡部●EU統合は国と国がなんらかのかたちで一緒になるという、スケールの遙かに大きい合併の一つの試みといえます。日本とヨーロッパについて考える場合、日本人がヨーロッパに行くときはドイツとかスイスなどのいいなあと思う所だけに行って、よくない所はけっして訪れないわけです。しかし、住んでみますといろいろな小さなまちがあって、内陸の砂漠化が進んでいるようなエリアもありますし、枯れ果てていくだけのような小さなまちが山のようにありますす。私はヨーロッパのほうをよく知っていて、日本のまちは全部知っているという自信はないのですが、両方見た感じでは、日本は豊かだなあと思います。ヨーロッパのように人知れず砂に埋もれるように消えていくまちは、日本にはないような気がします。

また、日本のヨーロッパ研究者というのはイギリス、ドイツ、フランスの順で多くて、日本はその三国から見たヨーロッパをいつも見せられているところがあります。たしかにEUが今後どういう方向に進むのか、その舵取りをしているのはこの主要三国ですが、EUが合併したことによってヨーロッパ全体の関係が変わるわけです。

そこで見逃してはいけないのは、今までさまざまな国の狭間でいつも負けてきた地域、文化や歴史を振り返ってみてもリーダーシップをとったことのない、こっちにつき、あっちにつきという歴史を繰り返してきた地域が、ヨーロッパが一つにまとまったことで浮上してきていま す。国境が薄らいだ分、国境に分断されていた地域が浮き彫りになってきているわけです。具体的な例を挙げれば、スコットランドがそうですし、スペインとフランスの国境、地中海のカ

EU（European Union）
欧州連合。ヨーロッパ二五ヵ国による連合。経済統合を目的とした欧州共同体から脱皮して、政治、軍事、国境を超えた社会全体に及ぶヨーロッパの統合をめざし、一九九三年に発足した。
・EU加盟二五ヵ国
ベルギー／オランダ／ルクセンブルグ／フランス／イタリア／ドイツ／イギリス／アイルランド／デンマーク／ギリシャ／スペイン／ポルトガル／オーストリア／フィンランド／スウェーデン／ポーランド／ハンガリー／チェコ／スロバキア／スロベニア／エストニア／ラトビア／リトアニア／キプロス／マルタ

スコットランド
グレートブリテンおよび北アイルランド連合王国（イギリス）を構成する王国。グレートブリテン島の北側三分の一、およびシェトランド諸島、オークニー諸島、ヘブリディーズ諸島などの島々からなる。

カタルーニャ
スペイン北東部の地域。州都はバルセロナ。歴史的にスペイン中部のカスティーリャ地方とは異なる文化をもつが、一八世紀初頭にマドリッドの王室によって支配され

タルーニャ、大西洋岸のバスク、あるいはフランス・スイス・イタリアの国境地帯にあるアルザスなど、そうした地域の価値が出てきている。ということは、母都市と吸収される側、強いほうと弱いほうという構図はたしかにあるけれど、それがふとしたことで逆転する可能性がある。そこが合併を考えるときに面白いんだろうなと思います。

塩月●佐伯市は、たまたま地元の商店街が時の流れに乗れなかったところへ大きなショッピングセンターが入ってきて、そこへ浦々から人が買い物に行っているだけで、今のところこれという大きな産業はありません。それにたいして蒲江町は、百数億というものをつくって売る力をもっている。そういうエネルギーがあるまちといえば蒲江がトップだと私は思っています。今のような話を聞くと元気が出ます。

都市と田舎の両方の生活を手に入れる

青木●岡部さんの著書で面白かったのは、日本は休みの日になると都心へ行くけれど、ヨーロッパでは週末、田舎に行く。これはかなり重要なヒントになるのではないかと思って、それについてもうちょっとお話を聞きたいと思っていました。

岡部●ライフスタイルの問題ですね。その背景には宗教があると思います。日曜日はキリスト教の安息日なので稼いではいけない、ということがまず一つあって、お店を開けると罰金を取られる。その規制が利いているところがあります。ですから、日曜日に営業しているところは罰金を払ってでも儲かるということでやっているわけです。私が子どもの頃、日本は高度成長期でしたから、日曜日になると家族でデパートに買い物に行く。最上階のレストランに行って何かおいしいものを食べて帰ってくるのが楽しみということがありましたが、ヨーロッパでは

た。一九世紀後半以降は工業などの発達で栄え、文化芸術活動も盛んだった。
　スペイン内戦（一九三六）後、スペイン全土でスペイン語のみが公用語とされ、カタルーニャ独自の言葉であるカタルーニャ語は使用が大幅に制限された。しかし、一九七八年に制定された新憲法に基づくカタルーニャ自治憲章において、カタルーニャ語はカスティーリャ語とともにカタルーニャ自治州の公用語とされ、ふたたび社会の幅広い層で使われるようになった。

バスク
スペインの自治州の一つ。州都はビトリア（バスク語ではガステイス）。ピレネー山脈の西方にあり、古来よりバスク語を話すバスク人が居住する歴史的な地域。バスク人の住んでいる地域全体を指してバスク国と呼ぶこともある。その場合、ナバーラ州の一部やフランスのピレネー＝アトランティック県が含まれる。

アルザス
フランス北東部の地方。首府はストラスブール。住民の大部分はドイツ人に属するアレマン人（スイスなどと同じ）といわれ、七〇％以上の住民がドイツ語の方言であるアルザス語を話す。

日曜日はまちが死んだようになってしまうんです。本当に何もすることがない。都会でも信仰の深い人たちはおじいちゃん、おばあちゃんと合流してミサに行きますが、そうでない人は朝食を食べて、新聞を買って、公園に行く。新聞でイベント情報を見て美術館やコンサートに行ったりする。それがライフスタイルになっています。しばしば週末は郊外に行って、ゆっくり遅めの昼ご飯を食べて帰ってくる。週末に行けるくらいの距離に別荘をもっていて、金曜日の夜から行って土日を過ごす人たちもかなりいます。あるいは、リタイアした高齢者が大都市周辺の別荘地に住んでいて、週末になると若夫婦が子どもを連れてやって来る。そこでみんなで食事をしたり、散策したり、ゆったりとした時間を過ごす。小さなまちですから、ご近所づきあいもコミュニティもあるわけです。平日は都会に住む若い人たちも週末はそのコミュニティに入り込んだ生活をし、そこで知り合った若い世代が結婚したりする、そういう生活のサイクルがあるんですね。

もちろんこれはいろんな見方ができて、別荘のまちはじつはかなり階級によって住み分けられていて、一方にはお金持ちばかり集まるところがあり、比較的低所得者は海沿いの中高層の別荘アパートみたいなところを買い求めている人たちが多い。それぞれのコミュニティがあって、それは必ずしもいい面だけではないのですが、都会のよさと田舎のよさと両方味わえるようなライフスタイルができている。

それが日本の場合は、高度成長期にあまりにも東京に一極集中したがために、田舎に行くのは盆暮れの里帰りという半年周期の出来事だけになってしまいました。もう少し近間に都会と田舎のループができていれば、生活に違う豊かさが加わるのかなと思います。

青木●ぼくが考えているのもそのことで、ぼくは今、大分市に住んでいるのですが、もう少し時間的に余裕ができて、週末をどこで過ごすかと考えたときに、蒲江と湯布院だったらかみさんは湯布院のほうがいいというと思うのですが、ぼくは蒲江のほうが精神的に近い。ですから、蒲江に週末帰るトレーニングをするための施設があったらいいな、と思うのです。たとえばウィークリーマンションみたいなものがあって、一週間帰ってみる。朝飯ぐらいついていれば、魚を買ってきて浜焼きをしてもいい。蒲江もなかなかいいねということになると、小さな家を建てようかということになる。もともと蒲江にいた人が戻ってきたときにそれを受け入れるための施設をつくると、田舎に帰りやすいんじゃないか。これはぼくだけではなくて、かなりの人がそう思っていると思うんです。合併で廃校や役場の建物が余るという問題がありますから、経済的に弱いところでも今だったらそういう仕掛けがやりやすい状況だと思うのです。

塩月●それを証明しているのが蒲江町のマリンカルチャーセンターですね。年末は帰省客でいっぱいになるんです。家族みんなで泊まっても安いし、朝飯は実家に食べに行く。寝るだけでいいというわけです。

岡部●町営の施設は冠婚葬祭に親戚を泊めるのによく使われている。それはどこのまちでも聞きますね。当初は重要だと思っていなかったような役割で施設が活用されている。

青木●それを年に一回ではなくて、一〇回とか二〇回という単位で仕掛けられると、かなり精神的にも肉体的にもいい状況になるのではないか。

岡部●ある調査で、地方圏と大都市圏の二つに分けて、どちらに住みたいですかという調査をしたところ、半分ずつなんです。実際には地方圏に三分の一、大都市圏に三分の二が住んでいますから、本当は地方圏に住みたいんだけれど大都市圏に住んでいるという人がかなりいるということがいえると思います。

今、団塊の世代がリタイアする時期にさしかかっていて、そのときにどこに住みたいかというと、これは男女で分かれるようですが、男の人は生まれ故郷に戻って半分自給自足のような悠々自適の生活がしたい。だけど女の人のほうは都市に住みたい。奥さん同士のコミュニティもあるし、その世代の女性たちの消費が都会の消費を支えているようなところがありますから、彼女たちは夫についていこうとはしない、そこがけっこう微妙なところですね。

塩月●蒲江出身者にアンケートをとったら、昭和三〇年代までに生まれた人たちは蒲江に帰りたいというけれど、大阪や東京で生まれたその子どもたちはまったく興味を示さない。

岡部●やっぱり二世代目になると感覚がぜんぜん違うんですね。今、地方圏に住みたいと思っている人が実際に住んでいる人より多いというのは、その第一世代で老後を田舎で過ごしたいという人が多いようです。

青木●だから、奥さんを再教育する場所がいるんです。そういう場所があれば、お金をあまり使わずにこんなうまい魚が食えて、という感じになる。

岡部●どっちかという選択を迫ると離婚の原因になるから、両方の生活ができるようにするということですね。両方のよさを知っている人が増えることが具合いいのかなと思います。飽きたらよそへ行けるという身軽さがある。

青木　合併したら何が起きるかと想像してみると、役所が一つに集約され、自然に住居が母都市に吸収される。そのときに蒲江はどうするかというと、ちゃんと手を打たないとヤバイと思うんです。佐伯には市営住宅か何かを借りて、蒲江にちゃんとした家があるという生活をすれば、かなり良質な生活ができると思います。

岡部●佐伯と合併したときに佐伯に移り住むのか、蒲江にとどまるのかという選択ではなくて、両方の生活ができるということですね。

青木●それによって合併のメリットが生まれるのではないかと思うのです。

岡部●学校が統合されたりして蒲江の浦同士の対立はだいぶ変わってきたというお話でした

が、佐伯市との合併を契機にして蒲江というアイデンティティを求めるようになって、蒲江が一つにまとまるということもあるのではないかと思うのです。

ヨーロッパの都市でもそういうことがかなりあって、スペインのビルバオはバスク地方の経済中心都市ですが、基幹産業の重工業が衰退したところで、川を挟んで工場と工場労働者が多く住んでいたエリアと資本家階級が住んでいたエリアと右と左ではっきり分かれていて、どうしても仲良くならなかったんですね。しかしＥＵが統合して視野が広がることによって、ＥＵレベルで競争力がある都市になるために仲良くしたほうがお互いに得だという意識が生まれてきた。せっかくの合併という契機をうまく利用するといいと思います。

「Ｕターンしたいまち」になるためには?

塩月●大阪や東京にいる先輩に会いますと、田舎に帰りたいんだけど帰る場所がない、というんですね。

岡部●その帰る場所のつくり方ですが、いずれ高齢化していく人たちが戻ってきたときに、なるべくギリギリまで自分の力で生活できたほうがいい。それには歩いて暮らせるようなエリアにはめ込んでいくと、それがまちの競争力になるような気がします。歩いて海に行けるとか、寄り合いにも行ける、まちにそういう集積をつくっていくことが重要になる。

青木●ワークショップのリサーチでも、歩けるまちがいいということが指摘されましたが、蒲江でも西野浦は一ヵ所に車を止めて、そこから歩いて行くということをやっています。空き家を利用して地域を組み立て直していけば、歩いて暮らせるまちができますね。

今回のワークショップの参加者七〇人のうち、五〇人くらいはまちの人に一回は接待を受け

ビルバオ
スペイン北部、バスク州の中心都市であるビルバオは文化に重点を置いた都市再生事業に取り組んでいる。
ビルバオ市は人口四五万人、周辺の市町村を含めると一〇〇万人規模の都市圏を構成している。良質な鉄鉱石の産出を背景に一九世紀後半から製鉄のまちとして発展し、その後も造船、石油化学工業等の重工業を中心に一九五〇〜六〇年代にかけて最盛期を迎えた。しかし、一九七〇年代に入り安い労働力を背景としたアジアとの競争に敗れた後は産業の衰退が著しく、経済は停滞していった。
再生の転機は一九八六年、スペインのＥＵ加盟だった。それまでビルバオでは工場による大気、水の汚染に悩まされていたが、ＥＵ加盟に伴い欧州の先進国並みの環境目標を達成することが求められること、また、ＥＵレベルでの都市間競争にさらされることなどを契機に、都市圏再生への関心が高まった。

ているんです。町会議員とか歯医者さんの家に呼ばれて、刺身をご馳走になって、ワークショップの会場にもおみやげとして持って帰った。見た目はぶっきらぼうな料理だけれど温かく感じられるものがあって、そういうこともうまく仕掛けられれば、ああ蒲江にはこんな人情があったという再発見に必ずつながる。ぼくがワークショップをやったのもそれが大きな柱になっていて、絶対に彼らは感激して帰ってくれるという自信があったのです。よそから奥さんを連れて帰っても、こんな人情があるんだと気づけば、住もうかなということになると思います。

塩月●後で「ウチにも連れてきてくれればよかったのに」という人が何人もいました。都会の子と話してみたかった、と。ご馳走といっても、すり身と刺身と漬け物しかないのですが。

岡部●そこに住んでいる人がおいしいと思うものが外から来た人にも一番喜ばれるんです。ディスコがないと若者が来ないということはなくて、まちの人が一番欲しいものをしっかり用意してあると、若い人たちもけっこう入ってきます。

今、東京では温泉がブームですが、あれが成功したのはシニア世代をターゲットにしたテーマパークから発想したところで、それを一〇代、二〇代の人も利用している。へんに若者にこびても空振りに終わることが多いけれど、自分たちが本当に欲しいものをしっかりつくっていくと若い人たちもついてくる。

青木●田舎の人は本当はいい生活をしているのに、そう思っていないんです。ぼくも東京の人は豊かな生活をしているのだろうと思っていたけれど、最近は、なんでこんなに貧しいの、と思う。

岡部●もっと自信をもって田舎の暮らしは豊かなんだと宣伝すれば、実際そうなんですから、大丈夫だと思う。

そろそろGDPなど数字だけでごまかされないで、何が本当の豊かさなのかを考えないとだ

蒲江町で開催されたワークショップの参加者たちを、まちの人たちは夜ごと自宅に招待。飾り気のない、温かな交流が生まれた。

めですね。

青木●日本の社会構造がおかしくなったのはアメリカ型の社会に移っていったからだと思うのですが、ヨーロッパは歴史的集積があってかなり豊かに見える。岡部さんは日本のほうが豊かだというけれど、文化的尺度をどう発見するかが、奥様方が田舎に帰る重要な尺度になるのではないかと思う。

岡部●ヨーロッパの人には「あきらめ」があるんです。スペインだったら大航海時代、イタリアだったらローマ時代というように自分の国が一番栄えた時代は遠くに行ってしまった過去の栄光であって、直近に成功した経験がないことが逆にうまく作用している。彼らは歴史文化をよりどころに自分の誇りを維持していくしかない。悲観的なんです、じつは。スペインやイタリアの人は陽気だといわれていますが、彼らは長期的には悲観的なビジョンをもっていて、そのうえで今を楽しく生きる。日本の高度成長期は先に希望があったから、当面は三畳一間でもがまんできたのです。

青木●ヨーロッパに住んでいる人は自分のまちの歴史的集積を評価しているのでしょうか?

岡部●機能主義的な都市の限界が露呈した今日、歴史市街地が都市に住む人たちにとってかけがえのない共有財産であるという認識は揺るぎないものです。ただし、現実に歴史市街地に住んでいる人たちが誇りをもち、満足しているかどうかは別問題です。旧市街は、だいたい防衛上の理由から小高い丘の上で井戸が掘れる場所にまちをつくったわけです。そこにごちゃごちゃっと住んでいるので、光が当たらない、風通しが悪い、坂が多い。住環境は悪いんです。どこのまちも経済力のある人たちは新しい市街地へと移って、お金のない高齢者だけが旧市街に取り残されている。彼らにとっては、毎日必死の思いで階段を上り下りしている。ゴミを捨てに行くだけでもたいへんな思いをしているから、旧市街が歴史的に価値があるなんて思ってい

蒲江の風景

なくて、ちょっとでもお金があれば坂のないところに住みたいと思っています。だからこそ、歴史市街地に住み続けることは、その地区だけで解決できる問題ではなく、都市全体で取り組む課題だと考えられているのです。

母都市には都市的密度が必要

青木●合併で吸収するほう、母都市の役割について話をすると、吸収されるほうの課題も明快になるのではないかと思います。

ぼくがリファイン建築をやり始めたきっかけは、設計という仕事をするときに何か武器をもたないとうまくいかないだろうということだったのですが、三〇年前の建物を触っているとクライアンドがどういう気持ちで発注したのか、設計者はどういう状況で設計したのかが読み取れるし、工事のレベルも見えます。三〇年を経過した今、建築は進化しているのだろうかと考えると、極端にいえばほとんど進化していないのではないかと思います。

岡部●建築というのは進化するようなものでもないですしね。

青木●携帯電話は急速に進化したでしょう？　建築も進化する部分があってもいいと思うんです。たとえばデパートがダメになるとそこを更地にして高層住宅を建てることがコア構想みたいになっている。誰が住むの、東京じゃないのよ、といいたくなるようなことをやっているわけです。商店街がダメになったら、解体して新しく建物をつくるのではなくて、そこを住居として再利用することができないか。政策として住宅をちゃんとすることによって都市としてのポテンシャルを上げられるのではないか。それが合併後の母都市の役割ではないかとぼくは思っているのです。

岡部●メリハリをつけるということですね。母都市はかなり高密度に集約型の都市的な利便性を享受できるようなまちにして、週末は蒲江に住む。ヨーロッパではどうかというと、それを政策的に誘導したという例は私の知る限りではないけれど、しかし、結果的にそうなっているところは多いですね。母都市はコンパクトで高密度で、ビジネスをやっていくうえではパフォーマンスが高いけれど、一軒一軒の住まいはそんなに広くないところで暮らしていて、人間の生活として足りないものを週末田舎で補完するという仕組みになっているところはあります。それはローマ時代からの伝統だと思います。みんなで集まって住むことによって防備をかためようとした。そこではかなり窮屈な生活をしながら、市民階級の人たちは郊外にビラをもつ。それが今残っているビラの跡地だったりするわけです。

青木●母都市を見ているとそこが問題で、都市の密度をもち得ないまま都市政策をやっているような感じがするんです。結局、母都市の密度を上げないと、数年を経て今とまったく同じような状況になって、今度は佐伯市が大分市に吸収されて、一県一都市みたいになってしまう。

岡部●空間的に佐伯と蒲江を分けておくことが、合併後のまちの魅力につながる。日本の悪いところは合併すると空間的にも一つになってしまうと思っているところで、そうではなくて、きちんと差別化された空間があることがまちの競争力になっていく。

青木●岡部さんの著書の中にオランダの話がありましたね。アムステルダムとロッテルダムはそれぞれ役割があって、その間にはグリーン地帯がある。それと同じように、佐伯、蒲江、宇目にある程度ポテンシャルがあって、あとはグリーンのベルト地帯がある、これを行き来することによって一つのリンク状の都市になるのではないか。母都市をちゃんとつくると、海の蒲江と山間部の宇目がリンクできる。

岡部●吸収する強い側は末端を切り捨てて自分だけ生き残るという発想になりがちですが、お

アムステルダムとロッテルダム
アムステルダムはオランダの首都。ただし、行政の中心はハーグにある。アムステルダムは、商業と観光が中心の町。もともとは小さな漁村で、一三世紀にアムステル川の河口にダムを築き、町が築かれた。一六世紀には海運貿易の港町としてヨーロッパ屈指の都市へと発展。以来アムステルダムは、アムステルダム中央駅を中心に市内に網の目状に広がる運河と、その運河に沿って並ぶ一七世紀の豪商の邸宅、アンネ・フランクの家などで知られる。
　ロッテルダムは、アムステルダムの南西約六〇㎞に位置するオランダの大都市。世界第一の貿易港で、オランダ第二の都市。日本のヨーロッパへの輸出品の多くがここから荷揚げされていることから在留の日本人も多い。世界で最初に車を締め出した約一㎞にわたって続くショッピング・ストリート「ラインバーン商店街」が有名で、都市の中心部から自動車を締め出すという運動の火付け役にもなった。

互いに生かし合うまちづくりをうまくやらないと、合併しても他の都市に負けるという認識が必要ですね。

青木●それができると、個性的ないいまちになると思うのです。

日本と同じようにヨーロッパでも田舎の劣等感はありますか？

岡部●やはり都市は強くて、田舎は弱い。それははっきりとあります。でも、田舎らしい田舎はいいんです。都会らしい都市もいいんです。中途半端なのが最悪です。

塩月●佐伯はまさにその危険性がありますね。

岡部●都市間連携で重要なことは上位に立っている都市がないこと、といわれています。リーダー都市が一つあると連携してまとまっていくには障害になる。連携して新しい都市の時代が開けるとよくいわれますが、そのメリットを生かすにはリーダーになるまちが複数あったほうがいい。今、日本で行われようとしている市町村合併は大きなまちが周辺を吸収するというパターンが多いですね。

湯布院のまちづくりは成功したか？

青木●スローライフというようなことがいわれますが、それを売り物にしてうまくいっている都市はありますか？　スイスなどはゆったりとしているように見えます。

岡部●同じイタリア人でもスイスに住んでいるイタリア人というと、「あ、金持ちだ」と思うわけです。ドイツ人でもフランス人でもそうで、スイスは金持ちだけを集めた国なんです。もともと住んでいるスイス人もいるわけですけれど、それはあまり大きな比重を占めていない。すごく特殊な国なんです。お金持ちの贅沢の一つとして雑念のない、ゆったりとした流れの生活がたしかにあるけれども、それを日本でつくろうとしても、どこか一ヵ所にしかできない。中国はこれからものすごく経済成長するでしょうから、中国の金持ちだけを日本に集めるというのはあるかもしれませんが。九州はちょうどいいんじゃないですか。アジア全域の金持ちだけを集めて、おいしい魚があって、山もあり、温泉もあるゆったりとしたいい生活をする。そういう大きな視野で絞り込めばスローを付加価値にして生き延びる道というのはあるだろうけれど、それは特異点だということです。スローな流れをまちづくりのコアにして、というのはかなり難しいと思います。

忙しいよりゆっくりとした生活のほうがいい、という話ではないんです。スイスのスローライフは忙しい生活を一方でもっている人たちが求めるもので、忙しい生活を捨てるという話は誰もしていない。

青木●それでうまくいっているのが湯布院でしょうね。

塩月●大成功ですね、湯布院は。

岡部●でも、湯布院がこの後どうなるかと考えると、そう長くは続かないのではないか。湯布院があらゆるまちのお手本になるかというと、そうではない。

青木●そのための手をかなり打っていて、いかに続けるかという準備をしている。それが湯布院の賢さだと思う。湯布院もいい具合に歩けるまちなんですね。ぼくは、佐伯には温泉はないけれども、食い物は浦から持ってきますから、歩けるまちにできるのではないかと思うのです。

日本の「ローカルアイデンティティ」はスケールが小さい

青木●ワークショップの提案の中に、廃校を福祉関係や体験学習館に使ったらどうかというも

湯布院
湯布院のまちづくりは一九五二年のダム建設反対運動に端を発している。その後、温泉保養地のあり方を模索し、音楽祭、映画祭、辻馬車などさまざまな仕掛け、さらに湯布院シンポジウムを開催するなど、まちづくりに積極的に取り組んできた。

一九九〇年、「潤いのある町づくり条例」を制定し、生活型温泉地をめざすが、大分自動車道の開通により福岡から日帰り圏となるなど、滞在型観光は減少の傾向にある。

のもありました。その中で一つ面白かったのは、ワークショップを産業化できないか、と。そういう仕掛けをボランティアを含めてサポートできれば面白いと思うし、蒲江から何かを発信できると思うのです。

岡部●産業化というのは慎重に考えなくてはいけない言葉だと思います。一般に、先進国では重工業がよその国に取られて、第二次産業から第三次産業にシフトしてサービス産業が主要産業になるといわれているわけです。アメリカでもヨーロッパでも日本でもみんなそうですね。しかし、重工業に依存していたような都市がサービス産業にシフトして再生できるかどうかはかなり疑問で、短期的に見てイメージアップに成功した例はあるけれど、持続可能なシナリオかというと懐疑的に見られています。

というのは、サービス業というのは経済的には吹けば飛ぶような力しかないわけです。雇用の吸収力にしても、たとえば今まで重工業で三万人雇用していたところがサービス業に転換すると、雇用は三〇〇〇人も生まれない。行政機能が分権化されて行政の雇用が増えていますが、中小都市の場合、実際に伸びているサービス業は行政機能だけだ、と批判的な指摘もあります。日本の場合もほとんど同じことがいえると思います。漁業というのはひと儲けできるくらい経済を動かす力があったのに、ワークショップが産業では寂しい話です。やはり、経済が豊かさをもたらすという考え方から脱却して、別の豊かさが享受できればいいというほうに転換していかないと。サービス業にシフトして、漁業で栄えた往時の蒲江を取り戻すことができるかというと、絶対にそうはならないのが現実だろうと思います。

青木●たしかに建築以外に別の柱もないとダメだと思うんです。たとえば食文化であるとか、漁業や休耕地を利用した農業の体験学習みたいなことができるかな、と。

岡部●今、青木さんがおっしゃったようなことは、どこのまちでも考えていることなんです。

日本中がみんな同じようなことをやって、それが成り立つとは思えないわけです。もう少し価値観の転換ということが必要だと思うのです。いろいろメニューをそろえて補強すれば強くなるという発想ではなくて、たしかにサービス産業は弱い、だけどもこれでなんとかまちの活気を保っていこうというような、低空飛行だけれどそれなりに毎日楽しく暮らしていける、そういう方向をめざせば日本全体がまんべんなくなんとかやっていける。そういうことを考えていったほうがいいのではないですか。

青木●ワークショップでファシリイテーター役を担った赤川貴雄さんからいわれたのは、これをずっとやっていくと校舎のいらない学校ができる、と。裏読みをすると、みんな大学教育に失望しているんじゃないかと思うんです。ファシリテーターも学生も公募し、教えるほうも、学ぶほうも意欲があるワークショップを仕掛けることによって、ある意味では違ったエネルギーをまちに注入することができるのではないか。しかし、これをぼくに毎年やれといわれてもたいへんな作業でして、いいこともいっぱいあるけれど、いやなこともいっぱいある。

岡部●それは青木さんを尊敬します。やはり出身地でやることに価値があるんです。

青木●ぼくは、ぜひ第二回のワークショップをやってもらって、一校でも二校でも学校跡地を実施設計できないかと思っているのです。そうすると、かなり世界でも例がないようなワークショップができるのではないか。

塩月●それは合併後に持ち越しますね。いいと思いますが。

岡部●やり残すというのは重要なことで、そのほうがいいと思います。

バルセロナはオリンピックの際に都市再生に成功したとよくいわれますが、そのポイントは、やり残すということなんです。もちろんメイン施設はやり残すわけにはいきませんから、旧市街の美術館建設をやり残した。最初に予算通過させるときには、オリンピックでお客さんがたくさん来るから文化施設を整備するといって通して、わざとオリンピックに間に合わせない。オリンピックのときには、屋外にたくさん彫刻をつくったから、ツアーを組めば美術館の代わりになるからいいじゃないか、といってわざとやり残して、オリンピック後に仕事ががくんと減らないようにしたんです。ヨーロッパの場合、公共施設の設計をしても、実施のメドが立っていないことが少なくありません。予算と工期がほぼ決まってから設計を依頼する日本の仕組みは、ヨーロッパの建築家から見ればうらやましい限りです。

青木●小さな都市の美術館や郷土資料館は、まず第一に住民のための公共施設です。旧市街の修道院など歴史的な建造物を改修して転用する場合が一般的です。それが観光の目玉に直接なっているということは少ないように思います。観光客が通りすがりのまちでちょっと休んで美術館や資料館をのぞいていくことはあります。観光客を引き込むのに成功する要因の一つは、小さいながらも都市的な集積があるということですね。トイレに寄ったついでにまちを散歩して、ついでにお茶を一杯飲んで、面白そうな資料館があれば入ってみる。わざわざツーリストインフォメーションに行ってマップをもらって探してまでは行かないけれど、通りすがりに入るという感じですね。それには誰でも歩くルートにあるということが重要なのでしょう。

岡部●美術館や郷土資料館で成功例はありますか?

青木●この間、久しぶりに近江の五個荘を訪れたのですが、日本も成熟してきたなあ、と実感しました。目玉施設があるから観光客が訪れるというよりは、風情のある町並みを散策したくて訪れるのです。文化施設はそのついでに立ち寄るものです。

塩月●蒲江はそういう場所がないんですね。漁師町は建物の文化がない。

青木●でもね、蒲江には蒲江独特の家の建て方があるんです。台風が来るから屋根を低くして、しっくい壁で、大きな柱を使っている。あれを今流にリノベーションすれば、すごくいいもの

バルセロナ
スペイン北東部の自治州であるカタルーニャ州の州都。スペインではマドリードに次ぐ大都市。地中海沿岸に位置し、フランスとの国境であるピレネー山脈から一六〇km南にある。人口約一六〇万人、バルセロナ都市圏全体では約三〇〇万人の人口を有する。建築家・アントニオ・ガウディのサグラダ・ファミリアなどでも有名。

になる。

岡部●たしかに漁師町は近江商人のまちに比べると建物は粗末なんですね。でも、地形と合ったたたずまいの魅力ということがありますから、古い建物が残っていなくても、人は、ああ、いいまちだなと感じるんです。

青木●ヨーロッパの人はローカルアイデンティティについてどう思っているのか、岡部さんに聞きたいと思っていました。大分という都市は本当にアイデンティティがないところなんです。

岡部●一つ思うのは、日本はローカルアイデンティティのスケールが小さいと思うのです。それこそ、蒲江町で自分の浦と隣の浦とは違うというように、すごく細かい。ヨーロッパの場合は多様な文化が隣接してあるので、もう少し広い塊として存在しています。それが国よりは小さいけれど、ローカルアイデンティティになっている。九州くらいのスケールのローカルアイデンティティといえばわかりやすいかもしれません。ヨーロッパはいろいろ叩かれている分まとまって、ローカルアイデンティティになっているけれど、日本は叩かれていない分、細かいままで存在していたところに、急にグローバル化で移動のスピードが速くなって、あっという間にアイデンティティが摩耗して、それぞれの色の違いが消されていった。ですから、アイデンティティがないのではなくて、より細かいんだと思うんです。

ワークショップの意義は?

岡部●青木さんは直球勝負で、廃校なら廃校を生かす計画をまっすぐ進めようとしますが、ワークショップで廃校を正面から取り上げるのではなく、蒲江の魅力を発掘するような内容をやってはどうですか? 自分のまちについて外部の目で指摘されると、地元の人もそうかと思い

蒲江町の家並み

当たることがありますね。そういう輪をつくっていくうちに、その活動が廃校利用にもつながっていく。そうじゃないと、学生が廃校の利用方法を提案して、これをつくれば人が集まりますといっても、それは空振りだったという可能性が高いと思うんです。

青木●ワークショップの参加者の中には、建築よりも集落のあり方に興味があるという人もいましたから、ワークショップでぜひものをつくりたいという建築家の集団とそうじゃないという集団が議論をしていくと、また別のことが見えてくると思います。

蒲江町では漁具の資料館をつくりたいということは、はっきりしているので、ぼくはそれをコンペにしたらいいと思う。

岡部●実際に決まっているものをコンペにするのは現実的なやり方だと思うんです。もちろん、それはできます。みんなもそれを望んでいるわけですから。しかし、別のコンペのやり方として、どうしたらいいかわからないものをコンペにするという方法もあるのではないですか?

青木●ぼくが思うのは、一つ実作をつくるというのはかなり大きな意義がある。

岡部●それは青木さんの建築家としての意義、見方だと思うし、そこに今の建築界の限界があると思うんです。だから、あえて、どうしていいかわからないものをコンペにする。ヨーロッパのコンペはそういう例が多いんです。最近話題になったのは、フランスの潜水艦基地の跡地をどうするかというコンペです。常識で考えると誰もアイディアがわかない。そこそこの建築家が考えても、これというアイディアはない。じゃあ、思い切って公募コンペにしてみようか、ひょうたんから駒が出てくるかもしれない、というコンペのやり方もあるわけで、そういうほうが新しさがあると思うんです。どうしても現実性のある条件のいいものがコンペになるケースが多いのですが、困りました、お手上げです、というものをコンペにしてみる。

青木●仕掛けるほうからすると、思い入れの深い場所ですから、ワークショップをやって実作ができたということが、今の日本の建築界の閉鎖的な状況に直球を投げ込むようなことになると思うのです。

今回のワークショップは、基本的には五つの中学校跡地をどうしようかという問題があって、そのうち三つをなんとかしようということになったわけです。合併によってぼくが育った町がなくなるという現実があって、それにたいして何ができるかという問いを突きつけられたわけです。そのときにぼくは、大きく仕掛けようと思ったことは事実で、一挙に日本全国に発信できないかと考えた。廃校ということがあったので、高山建築学校への思いと早稲田大学の佐賀のワークショップがちょうどダブったような感じになったんです。お金のことは、町は多少は出しますといわれたんですが、まあ、いいや、と。それが二〇〇三年五月末のことだったので、来春やろうといったら、町は待てない、即座にやってくれと。あわてて応募要項をつくって、七月末の締め切りにしたところ、一二五名もの応募がありました。思わぬ反響で、びっくりした状況です。ぼくが最初に三回連続でやりたいといったのは、一回ではそれほど成果が上がらないだろうということ、実作をつくることでまったく意味の違うワークショップができる。そうすれば一般のマスメディアに取り上げてもらえるのではないか、と思ったのです。今、財政的な面だけで語られている合併論を逆手にとったものが生まれて、蒲江が建築界で重要なポストに位置づけられるし、ワークショップの参加者でコンペティションができれば、若い人の登竜門になるのではないかと考えたわけです。

大分・別府間に風光明媚な道路があって、年に一回別大毎日マラソンが行われるのですが、その道路を大規模に拡幅する際に、舗装デザインをぼくにボランティアでやれということになった。専門家の先生には路面はなるべくモノトーンがいいといわれたのですが、ぼくはカラフルな色を提案してかなり顰蹙《ひんしゅく》を買いました。しかし、ぼくがなぜそういう提案をしたかとい

別府大分毎日マラソンコースの歩道は、上空からの視覚的効果を考慮しカラフルな色で舗装された。風光明媚な田ノ浦海岸脇を走る。

うと、マラソンのときにヘリコプターで上空から撮影するわけです。そのときに全国に何か発信できないか、というのがぼくの根本的な発想で、まちの中と違って、周囲の色彩は緑と海の青だから思い切ってやったほうがいいと提案したら、それが承認されました。年に一回ヘリコプターが飛んで、絶対にそれを撮ってくれる。それを見た全国の人が面白いと思ってくれたら成功だな、と。かなりバクチみたいなところがありますが、そのくらい個性がないとだめだと思うのです。同じように蒲江でも、今回のワークショップが何か突出したものにならないと、埋もれていくのではないかという気がすごくするんです。ぜひ、二回、三回とやって、とにかく実作ができれば、世界にたいして発信できる蒲江になるのではないかと思うのです。

蒲江町にリファイン建築学校をつくろう！

岡部●今まで過疎の対策としては産業誘致がクラシックな手法で、働く場所をつくるということをずっとやってきたわけです。ところが、国際競争にさらされて、中国にどんどん工場が移転していくという時代で、産業誘致のやり方は日本では通用しなくなった。じゃあ、どうやって漁村や山村に人を集めようか、どうしていいかわからない状態なんですね。これまでは何か新しい施設をつくって、器を用意すれば人が来る。だから、どういう器を用意すればいいかと考えていたのですが、一つ発想の転換があって、いろんなところでワークショップが行われているように、器がなくても人は来る。

塩月●自分たちでお金を払って来てくれるなんて、たぶん蒲江町始まって以来です。募集を締め切った後に、建築に関係のない方からも参加できるかという問い合わせがありました。

岡部●人が集まればいい。人が集まると何かが始まって、予想もしなかった可能性が生まれるかもしれない、ということを示したと思います。ですから、なんのためにワークショップをやったのかわからないという指摘もあるでしょうが、やってみなければ何が生まれるかわからないし、これから時間をかけて生まれてくるものだろうなと思います。

もう一つは、これまではよその場所に行くというと、短期の旅行か移住しかなかったけれど、その中間を求めている人が増えている。二週間とか三週間、そこの暮らしをするんだけれども、べつにそこに住み続けようとは思っているわけではないという人が増えてきているのに、そういう場所を提供しているところは、じつは少ないんです。

その両方がうまく当たって、まちの人がなんでお金を出してまで人が来るんだろう、と思うようなことが起きたのだと思う。

青木さんがおっしゃるように、ワークショップでこれが売りだという何かが必要だというのもわかるのですが、学校跡地利用は青木さんが一つやってはどうですか？　それをもう少し前面に出してもいいんじゃないか、という思いが私はあります。アジアまで「リファイン建築の青木茂」で通っているわけですから。

青木さんはこれまで一匹オオカミ的というか、一人の馬力でやってきたところがありますけれど、せっかく自分の生まれ育ったところでやるのですから、今までやってこられたプロセスに多くの人を巻き込んで、これぞ青木さんのリファイン建築の集大成、というものをつくるべきではないかと私は思います。

青木●自分でも蒲江で一つはやってみたいという思いがあります。

もう一つ思うことは、うちの事務所でもほかの事務所に数年勤めてから来た人はうまくいっていない。若いときに設計や建築にたいする考え方がインプットされるとそれは強烈で、ぼくがやっているリファイン建築とはそぐわないんです。それは本人にとっても苦労だし、ぼくも苦労だし、ましてチームリーダーになってやっている連中がものすごく苦労する。できればぼくは、あまり経験がない人にリファイン建築を蒲江でやってもらって、ちゃんと教育していくということの必要性を感じているのです。それだったら、なるべく近場で、自分の目が届く範囲でやりたい。そうしないと、ヨーロッパがやっているような、古い材料をちゃんとストックしてまちの景観を守るというようなことは根づかないのではないか。

塩月●厳しいのは、法律の縛りがあって、学校以外の用途には使ってはいけない、使う場合は今までの補助金は返しなさい、ということなんですね。

岡部●今、廃校になっている建物を教材と考えて、たとえば一度リタイアされた方の再就職を助けるための職業訓練としてリファインしていくのはどうですか。

拙著『サステイナブルシティ』でも紹介したのですが、アンティーク車両の復元を通して職業訓練している例があります。バルセロナから車で二時間ほどのピレネー山間のまちポブラの試みです。セメント工場のあったまちで、下流のバルセロナにセメントを運ぶためのトロッコ列車が走っていたのですが、それが途中にダムができて廃線になった。そこで、そのセメント工場の元の施設を活用して職業訓練しているのです。これはEUのパイロットプロジェクトになったものです。そこで職業訓練を受ける人たちは、ボロボロになった列車を見て、まず何をしなければいけないかを考える必要がある。そして、金属も木も扱うし、電気関係もわからないといけないし、塗装も溶接もやる。今までものづくりではいろんなことができる職人はあまり求められていなくて、一つのことがしっかりできればいい、そういう教育がなされてきましたが、古いものを直して使っていかなければならない時代には、壊れたものを見てどう直したらいいかがわかり、複数の作業がこなせる人が必要とされています。ですから、そこで職業訓練を受けると、けっこう身近なところで就職先がある。リストラの時代ですから、二人雇うと

学校施設の有効活用
国からの補助金を得て建てられた校舎などを廃校にする、あるいは余裕教室活用のために学校以外の施設に使用する場合、「補助金等に係る予算の執行の適正化に関する法律」等により、学校を設置した各地方自治体は補助金相当額の納付などによる文部科学大臣の「承認」を得る手続きが必要とされている。しかし、文部科学省では既存施設の有効活用を図る観点から、一定の公共用・公用施設へ転用する場合には、大臣へ報告をすれば承認があったものとして取り扱うなど、手続きの簡素化を図っている。

ポブラ（ラ・ポブラ・デ・リリェット）
スペインのピレネー山間にある人口一四〇〇人の小さなまち。二〇世紀前半、セメント工場など工業で繁栄したが、その後衰退した。産業遺産を活用し、雇用を創出して地域産業基盤の多様化を図るプログラムで、EUの都市パイロット事業（UPP）支援を申請した。

ころを一人ですめば、そっちを採る。それと同じように、蒲江もリファイン建築の教材として学校を使っていくといいと思います。

リタイアした人のワークショップは意外に当たるかもしれませんね。実際に廃校を自分たちでリファインするところまでやれば、かなり長期間滞在することになるし、そのうち空き家をリファインして、そこに住む人も出てくるかもしれない。廃校の用途転換もシニア向けの職業訓練の場にするということなら問題ないですね。蒲江は、特技を生かした仕事をしながら老後も活動できて、自然にも恵まれているまちだ、ということになればいいんじゃないでしょうか。

そういうワークショップには意外に学生が来るかもしれません。今の学生は頭でっかちで、なかなか手が動かなかったりしますから。

青木●事務所に来る学生も一年目はみんなそうです。

岡部●そういう職業訓練は若い人にも必要ですね。

「ほどよいまち」とは?

青木●まちづくりは文化を含めて組み立てないと、産業誘致はもう無理だと思うのです。

塩月●企業誘致の取り組みはしていますが、まちの根本的な活性化にはつながらない。

青木●これから地方都市は、食を含めた文化的な要素がないとシニアUターンもないし、住んでいる人も満足感がないと思う。

スペインのビルバオは巨大な都市ですが、文化を取り入れたまちの再生という点ではどうでしょう?

岡部●おっしゃるとおり、ビルバオは都市再生に大成功しました。シンデレラシティなどといわれているくらい、グッゲンハイム美術館を誘致して奇跡的によみがえりました。ただ、成功というのは落差で評価されるわけです。たとえば、失業率が二五％を超える状況から一〇％に下がれば大成功で、文化重点策は有効だったということになります。しかし、同じ処方箋が失業率五％の都市に効くかどうかは不透明です。文化産業というのは経済的力強さはそんなにありませんから、重工業に代わる主要産業にはならないのではないでしょうか。文化はイメージアップに貢献しますし、それが市民ひとりひとりの創造性を引き出すという間接的な効果はあります。しかし、それ以上過大な期待をもって、文化産業で経済を活性化できると思ってしまうと失敗するのではないでしょうか。

青木●ぼくは蒲江は風景にまさるものはないと思っています。ですから、蒲江出身の調理人を連れてきて、短期間、夏なら夏だけ、出前レストランを実験的にやってみてはどうかと思うのです。

岡部●今、スペイン版ニューベルキュイジーヌが流行っていますが、その担い手はどういう人たちかというと、田舎でレストランを二代、三代とやっているところの息子が多いんです。大都市圏に近い村で、別荘があって、レストランで食事をする習慣があるということが前提ですが、そういうレストランはもともと郷土料理しか出してなかった。なかにはそれでは飽き足らないレストランの息子がいて都会に修業に出るわけです。そういう人が田舎に帰ってきて、自分の身体に染み込んでいる味を生かしながら、地元の食材でおいしいものをつくる。それが話題を呼んで、値段もけっこう高いんです。それでも都市で食べるより空気がいいし、地元の食材を使うということで魅力がある。

　青木さんがおっしゃっていることと矛盾するかもしれませんが、私は何かに秀でたまちというより、バランスのとれたまちがいいまちなのではないかと思っています。それを私は「ほど

ビルバオ・グッゲンハイム美術館
（設計／フランク・O・ゲーリー）
ビルバオは、生活の質の向上をかかげた都市再生事業を進めるにあたって、文化に重点を置いた。その一つが一九九七年に建設されたグッゲンハイム美術館である。一三〇億円もの巨費を投じて美術館を建設することには地元から賛否両論あったが、その建築デザインが注目を浴び、観光客の増加、都市の活性化に大きく貢献している。二〇〇〇年には国際会議場もオープンし、オペラやコンサートを開催するなど、ビルバオ市は文化産業の中心地としての知名度を高めている。

よいまち」といっているのですが、産業も福祉もあり、生活も充実していて、若い人たちがいる、いろんなことがバランスしているのが「ほどよいまち」。これからはそういうバランスを求めていく時代になるのかな、と思っています。

一生懸命がんばっているところに、ほどほどでいいんだよ、といえるのかという団塊の世代の人たちのご指摘があるわけですが、「ほどよいまち」をめざしているのはたとえば湯布院みたいなところです。今、元気なまち、お手本にされているようなまちもじつは悩んでいます。いろいろ盛り上がっているときはいいんだけれど、評判になった次のステップが見えない。そういうまちが「ほどよいまち」という目標軸を立ててまちづくりをして、時代の流れでまた急に元気になるかもしれない。そういう、自分のまちだけで自立的に回っていくようなまちづくりがあるのではないかと思います。元気なまちがほどよいレベルをめざし、ほどよいところにいたまちが元気になる。そういうサイクルにいろんなまちが乗っていくというのが「ほどよいまち」づくりのシナリオなんだと思います。

湯布院を目標にがんばるけれど、その先は見えないというのではなくて、じつはその先に「ほどよいまち」があるとなると、もうちょっとショートカットして、自分のまちはこれくらいで回っていこうというのが見えてくる。そうすることによって、今まで条件不利といわれていた地域の半分くらいは、それなりにハッピーに暮らしていけるのではないでしょうか。

ほどよいということは、住んでいる人と観光客の割合、滞在型の人がどのくらいいるか、そういうバランスも必要です。湯布院のいい旅館で、一週間とか二週間滞在する人はいますかと聞いたら、みなさん一泊か二泊です、というんです。湯布院のようなところは、一夏過ごすとか、リタイアした人が何ヵ月か住むとか、そういうふうに過ごすとてもいいと思うのですが、一泊四万円もするのではできるわけがない。じつはそういうところに需要があるのではないか

ほどよいまち

国土交通省が平成一四年度にまとめた報告書「『ほどよいまち』が創るいくつもの日本」では、地域は極端に特定の事業・産業や特定の地域に依存せずに、ほどほどの産業、ものづくり、伝統文化等が存在し、住民が地域に内在する資源・価値を発見することから始め、他の地域との連携ネットワークにより相対的な自立の「ほどよいまち」づくりを進めることが重要だとしている。外部からの工場誘致やプロジェクト依存ではなく、地域に内在している価値ある人、モノ、産業、文化等を発見し、内在的に生まれ出てくる地域の誇りを重視し、住民が住み続けたいと思うような地域づくりを提言している。

この報告書は神野直彦・東京大学大学院経済学研究科教授を座長とした研究会の論議をまとめたもので、岡部明子氏は七名の委員の一人だった。

という気がします。忙しくて四万円でもいいから一泊したいという人と、お金はないんだけれど長期滞在したい、住んでみたいという人のバランスがある。

青木●蒲江にある空き家を地元の職人学校でリファインして、長期滞在者に貸すことができたらいいですね。

岡部●田舎でそういうところは意外にないですね。先祖代々受け継いだものを売るとなると抵抗があるでしょうが、有効に使ってくれるなら貸してもいい、という人もいると思うんです。

青木●ただし、「ほどよい」という言葉は誤解を受けやすいよね。

岡部●「ほどほど」と「ほどよい」は違うんです。過去一年間の新聞で「ほどよい」を検索したら、「ほどよい甘さ」とか八割方が食べ物の話でした。「ほどほど」を検索すると、全然違う意味で使われています。

塩月●「ほどよい」というのは温かい言葉ですね。

岡部●蒲江の「すかん」ではないけれど、ポジティブなんです。

ただ、これを地方が自分で使えばいいんだけれど、国が使うのはすごく難しい。とくに財政を切りつめようとしているときですから、「お前のところはほどよいところでがまんしろ」と聞こえます。

まずは、わがまちの見直しから始めよう

青木●今度の合併はうまくいくのだろうか。

岡部●企業経営手法にＰＤＣＡ（プラン、ドゥ、チェック、アクション）ということがあります。まず、いいプランから始めましょうというわけです。これからやることはちゃんと目標を

立て、どれだけ達成されたか評価をして、また次につなげていきましょう、それを地域経営に応用しましょう、という試みです。私がそれはおかしいと思うのは、今まで何もしていなかったわけではないんです。今までのやり方がよくないから新しいことをする。だったら、なぜ「チェック」から始めないのか、と思うわけです。今までやってきたことをしっかりチェックすることから始めて、それから次のプランに続けていく、という発想がなぜ生まれないのでしょうか。

市町村合併というのは、チェックのためのいい機会だと思うんです。それぞれの市町村がやってきたことをしっかりと調査して、評価することによって、最初に目標としていたことは思うとおりに達成されなかったけれど、思いがけない成果もあったということがあると思うんです。それを次のプランに生かしていく。市町村合併のときにまずやるべきことは、合併前の市町村がやっていたことを評価し、それをそれぞれの市町村で共有する。しっかり共有して共通の認識に立ってから、合併後のプランを考えるということが重要ではないでしょうか。

そういう意味でもリファイン建築は素晴らしくて、過去につくった建物をちゃんとチェックしてからスタートするわけです。建て直すにしても同じステップを踏んでもいいわけで、まずはチェックして、取り壊してしまえばチェックしたことは無駄だったじゃないかといわれるかもしれないけれど、思いもかけない収穫があるかもしれない。

青木●データが残るんです。

岡部●そうやってきちんと検証してから次のステップに行くことが重要なんです。母都市もきちんと検証し、吸収される側のほうも検証して、それを共有する。日本はどうしても今までの関係は水に流して、みたいなところがありますね。もちろん、今までいがみ合っていたけれど、合併後は水に流してという気持ちもすごくわかりますが。

青木●ぼくは、母都市である佐伯市は住宅と福祉、医療、教育をしっかりやるべきだと思っているんです。医療と教育はある程度パイがないと成立しませんから。

岡部●一般的にそういわれていますね。しかし、そのときに空間的なイメージが貧困なことが問題だと思うんです。合併することによってパイが大きくなるから病院も大型化しようということ、郊外に移転して大きくしましょうとなることが多くて、空間的に都市的な密度をもった中に医療機関や教育機関があることが母都市の魅力だということを誰も考えていない。本来なら、蒲江に住みながら、公共交通機関で佐伯に行くと駅前に病院も商店街もあると使いやすいと思うのです。吸収される側としては、母都市のメリットをもっと生かしてくださいという要望を主張していいと思います。

青木●合併したら行政機関は佐伯市にあってもいいけれど、議会は蒲江や宇目にあってもいいんじゃないですか。

塩月●蒲江の市会議員が宇目に行くとしたら一時間以上かかります。一回は物珍しさでやっても、やっぱり佐伯市でやろうということになるでしょう。たとえば水産課を海沿いの真ん中にある鶴見町に置いたとすると、蒲江の職員はいったん佐伯に出て、鶴見に行かなければならない。やはり母都市は佐伯市なんです。

岡部●でも、域内の交流人口を増やすということでは、行政や議会が動くというのは一番いい導火線になりますね。EUの場合は、欧州委員会の議長国制度がありますから、各国都市持ち回りで開いています。もちろん、行政コストがかかるという問題も指摘されていますが、会議をいろんなところで公平に開いていくという発想は支持されている。ですから、本議会は無理としても、施設を拡充する前に既存の議場を活用することを考えるのはいいですね。合併したんですから、議員さんも今まで知らなかった他のまちを知る義務がありますから。

EUの機構
EUの本部はベルギーの首都ブリュッセルに置かれているが、すべての機関がブリュッセルにあるわけではなく、欧州議会はフランスのストラスブール、欧州中央銀行はドイツのフランクフルト・アム・マインといった具合に分散して置かれている。

塩月●たしかに効果は大きいでしょうね。

岡部●今、もっているものをまずみんなで分かち合って、本当に新しく何が必要なのかを考える必要がありますね。そのためにもやはりチェックが必要です。

青木●いろんな調査機関がコンサルタントとして入っていますが、一様にすぎるんですね。それが日本をダメにしている。

塩月●たとえ下手でもいいから自分たちで調査しようといっているのですが、そういう調査結果は国に通らないといわれるんですね。

岡部●これも一つ、シニア世代に期待できると思うのですが、コンサルタントをリタイアされた方が自分のまちで地域に根ざして、今まで培ってきたノウハウを生かして調査するという例が出てくる頃ではないでしょうか。そうすると大手のコンサルタント会社が日本全国を調査するという状況はなくなる。よく自慢げに、私は日本全国を知っているという人がいるけれど、おかしいですよ。日本全国歩き回るくらいなら、世界中歩き回ってほしいと思う。それより、自らが住むまちでじっくり仕事している人のほうが自慢に値します。

「ほどよいまち」を評価する指標をあえて探すとすれば、私は住民の時間の使い方だと思うんです。極端に移動に多くの時間を使ったり、極端に働く時間が長いということではなくて、釣りにも行って、畑もやり、地域のボランティア活動もし、みんなが一番豊かだと思えるような時間の使い方ができる。そこが「ほどよいまち」の目標なのかな、と思っています。

座談会風景。右から塩月、青木、岡部各氏

暮らしの視点から地域づくりを

養父信夫……『九州のムラ』編集長
青木 茂

グリーンツーリズムで自立型の地域再生

青木●今、日本中いたるところで合併に関する議論がなされていますが、そこで浮き彫りになってくる問題には各地域に共通する部分があると思います。ある地域を取り上げてどんな問題が起こっているのかをミクロに見てみると、地域づくりを考えるためのよい材料になるのではないかと思っています。そのような見方をすることによって、今までの東京一辺倒だった議論を超えた、地方論の組み立てが可能になるのではないかと考えているわけです。

ぼくは大分県南海部郡下入津村竹野浦河内という小さな集落で育ちました。ぼくが小学生のときに昭和の大合併が起こり、下入津村から蒲江町になったのですが、この記録はほとんど残されていません。しかし、今後の地方論の展開を考えたときには、合併のいきさつを記録しておくことが必要ではないかと思うのです。

今回、蒲江町は佐伯市と合併するわけですが、ぼくが佐伯市の都市計画策定委員長をしていた頃から考えていたのは、まず、母都市と周辺の町や村の役割を分けたほうがいいということです。具体的には、ウィークデーは佐伯で生活して、金曜の夜から月曜の朝まで蒲江のセカンドハウスで農作業などをするというのも一例として挙げられます。そうすることで、いわゆる吸収されるほうの町の産業も成り立つのではないかと思うのです。

そこで、『九州のムラ』を編集している養父さんに、九州の地域で面白い事例がないかお聞きしたいわけなんです。

養父●ぼくは都市と農村の交流や、グリーンツーリズム、スローフードなどを追いかけて、『九州のムラ』という雑誌でまとめているのですが、今の青木さんの話とぼくが考えていることとは近いのではないかと思います。ぼくも日本全体が都市をめざすのは誤った方向性だという思いがあるのです。やはり、ムラはムラとして位置づけなくてはならないし、そのことが日本人の日本人たるゆえんであり、つまりは根本となる部分ではないかと感じています。

ぼくは、人が集まるところ・群れるところはすべて「ムラ」であるという考えをもっています。それゆえ、行政区分上の「村」とは区別して、カタカナで「ムラ」と書いているのですが、仮に市町村合併で「村」がなくなったとしても「ムラ」はあり続けると思うのです。

昔、人々は農業を中心とした営みをもちながら、「ムラ社会」という小宇宙の中で完結して幸せに暮らしていましたね。それが時代の変遷とともにムラ社会もまた変化していきます。戦後の政治的な民主化政策のなかで、ムラ社会は「解体される存在」として位置づけられました。この結果、ムラの祭りなどもずいぶん縮小されてしまいました。

昭和四〇年代以降も「まち」の高度経済成長に対応し、そのまちを支える存在としてムラは位置づけられ、ムラの次男坊・三男坊が金の卵として就職列車に乗って出ていくわけです。同

グリーンツーリズム
農林水産省の定義では、「緑豊かな農山漁村地域において、自然、文化、人々との交流を楽しむ、滞在型の余暇活動」だが、グリーンツーリズムが盛んなフランスでは週末だけ、あるいは日帰りで田舎に行く人も多い。農家のツーリズム活動は「アグリツーリズム」と呼ばれ、グリーンツーリズムの一部とされている。

スローフード
一九八六年北イタリアのピエモンテ州ブラで始まった、自分たちの食を見直し、守る、草の根的な食運動。「消えてゆく恐れのある伝統的な食材や料理、質のよい食品、酒を守る」「質のよい素材を提供する小生産者を守る」「子供たちを含め、消費者に味の教育を進めていく」という三つの指針がある。

時に、ムラの人たちも、自分たちが暮らすムラは「貧しくて、暗くて、因習的」な社会であると感じていて、その社会から解放されたいという思いもあったわけです。そこには、「ムラは地方都市をめざし、地方都市は東京をめざし、東京はニューヨークをめざす」という構造があったわけですね。

この構造は建物の世界にもあてはまるのではないかと思うのです。ムラに取材に行くと「こんなところにこんな建物おかしいやろ」と思わずいってしまうような、地域の実情とかけ離れた建築を目にすることがありますね。

青木●ええ。ぼくも、小さなムラでも大きなまちでも同じような建築をつくってきたこれまでのやり方は、問題だと感じています。

養父●今、市町村合併もそれと同じやり方でされようとしています。地域に合った合併を考えることなく、どこでも同じやり方で、行財政上の大きな枠の中で行われていると感じています。

ただ、行財政上の枠組み再編という大きな流れを変えるのは容易ではない、とぼくは感じています。それならば、行財政上の話と、自分たちの集落単位の生活をどうするかという話を別にして考えていくべきだと思っているのです。それを強く感じたのは、イタリアとドイツでアグリツーリズムの体験のために農家民宿に泊まったときのことです。偶然にも両方ともブドウ農家でした。彼らは他のブドウ農家と一緒にブドウ加工組合をつくり、自分たちでつくったワインを農家レストランで飲ませたり、農家民宿にも出しています。そして、そこを訪れた人たちのネットワークによって、自分たちが売りたい値段でワインを売る仕組みをつくっていました。外国の大手商社が農園まで来て安い値段で買い叩いて、それを世界中の人に飲ませるというグローバルな市場経済とはまったく異なったものでありながら、経済として成り立っているのです。これまでは、社会全体がグローバルになることをめざしてきたと思います。しかし、

養父信夫（ようふ　のぶお）
一九六二年生まれ。福岡県宗像郡大島村・玄海町で育ち、福岡高校、九州大学卒業。リクルート勤務の後、一九九八年に独立。現在、マインドシェア九州取締役、『九州のムラ』編集長。

今一度、ローカルな経済というものにも目を向ける必要があると感じています。

市町村合併という行財政上のグローバル化という部分と、日々の暮らしというローカルな部分とを同時に考えなければいけないと考えています。すべてが東京をめざしたのでは、日本の経済が成り立たなくなるのではないか。また、「ムラ」がなくなってしまうと思います。

市町村合併に関してさまざまな議論がなされていますが、合併のデメリットとして、これまでは「小さなまちの大きな問題」としてとらえられていたことが、「大きなまちの小さな問題」として片隅に追いやられてしまうということが一つ挙げられます。また、市町村合併が進められているなかで、行政のキーマンが合併にかかりっきりになることで地域づくりがおろそかになっていたり、合併前に駆け込みで「ハコモノ」に走るという悪しき現象も見受けられます。これらは現実に起こっていることです。だから、「暮らし」というローカルなキーワードの積み上げである「地域づくり」「まちづくり」を行ううえでは、市町村合併は必ずしもプラスには働かないとぼくはとらえているのです。

そこで、グリーンツーリズムなどに代表されるような自立型の地域づくりが必要だと思うのです。新しい観光としてのグリーンツーリズム、産業づくりとしてのグリーンツーリズム、ライフスタイル・生きがいづくりとしてのグリーンツーリズムの三つが展開して根づいていくことが地域づくりにつながっていくと思うのです。

地域の「宝物」を再発見する

養父●ぼくは生活を考えるうえで、よりローカルな視点、つまり自分たちの生活がどうなるかを考えることが必要になると思っています。最近「地元学」が注目されていますが、これは、外部の視点も借りながら、基本的にはそこに住む人々が、自分たちの足元の魅力を調べて引き出し、地域を自分たちでつくっていこうという活動です。これらの活動を通じ、地域の人々は足元の資源、「宝物」を再発見していきます。蒲江でいえば、サムライギッチョやジンガラガッサをはじめ、ヒオウギ貝やウニ、ヒラメなどの豊富な食や景観などがそれにあたるでしょう。それだけではなく、たとえば、昔の漁の話なども資源ととらえることができます。そこに暮らす人たちが、何が自分たちの地域の資源なのかをとらえ直す作業をすることで、行財政の枠組みがどうなろうとも、誇りをもってそこに住み続けるという意識が生まれてくるわけです。そこから、自分たちの地域は自分たちでつくるんだということになっていくでしょう。

ぼくは、それを九州のいたるところでやりたいと思っています。そうすれば、その延長線上に自分たちの生活や地域にふさわしい建物はどのようなものかということを考えるようになります。その結果として、今までは地域も見ずに机の上だけでつくられていたような建物のあり方も変わっていくでしょうね。

青木●まさにおっしゃるとおりだと思います。

ぼくはどのまちにも縦糸と横糸というものがあると思っているんです。積み重なっている歴史が横糸だとすると、それをつなぐ縦糸はアイデンティティだと思うのです。それは住民にはなかなか気づきにくいものだから、外部の人の視点が必要だと思っているのです。そういう思いから、蒲江でワークショップを開催して、いろいろな大学の学生たちに集まってもらい、蒲江の住民との交流の中から蒲江の長所を引き出して、それと歴史をつなぐことを試みたいと思ったのです。

外部の人の視点が必要だという思いにいたったのには、ぼく自身のこういう経験があるのです。中学生のときのことです。海岸で友達と泳いでいたら、そこに中学の先生と先生の知人で

『九州のムラ』表紙
「悠々とした地域生活の総合誌」として一九九五年創刊。自然、生活、人、食、まちづくりなど九州のさまざまな地域の魅力を伝えてくれる。

大分から来た人が現れて、海水パンツ姿のぼくの友達を見て「ろくなもの食ってないのにえらいいい体してるな」といったわけです。それにたいして先生は、その人に「お前はバカか、今晩うまい魚を食わせてやるから来い」といったわけです。つまり、大分の人から見ると蒲江は貧しいと思っていたのかもしれないけれど、今にして思えばぼくらは新鮮な魚を日常的に食べていたわけです。当時ぼくは特別うまいものを食べているという実感はまったくありませんでした。人から指摘されないと、日々の当たり前すぎることには気がつかないわけです。それから、こんなこともありました。高校生の時に大分に下宿したのですが、そこに親父が来て一緒に下宿の飯を食べたんです。親父はそのとき出た魚を一口食べて箸を置いた。こんなにまずいものを食べているのかと驚いたようです。

養父●ぼくも島で育っていますから、魚は漁師さんが持ってくるものだという感覚でいました。

青木●そこで育った人間にとってはそれが当たり前すぎて、ありがたいもの、いいものであるということに気がつかないわけです。そういった部分を外側の人に見いだしてもらう必要があると思うのです。そのことが、そこに暮らす人にとって一つの転機となると考えるのです。

養父●まさに、交流はその効果がとても高いですね。まちの人と話すことで、ムラの人たちも自分たちの食や、自然景観、暮らしぶりが価値のあるものだと気づかされるわけです。これまでは、ムラに住む人間のほうに、自分たちはこんなムラで生活せざるを得ないのだというコンプレックスがあったと思います。だからこそ、戦後から今まで自分の子どもにたいしても「ムラに残れ」とはなかなかいえなかった。とにかくまちへ出ろという教育をしてきたわけです。

ところが、近年その構図が変わってきています。まちの人たちがムラに入り込もうとする動きが見られるのです。そうした動きの中で、ムラを訪れた人たちの中から一人でも二人でもムラに定住する人が出てくると、またムラが変わっていくのだろうと思っています。市町村合併

海外へ行くときは近代化された大都市だけでなく、さまざまな地域をできるだけ訪れるようにしている。それぞれの地域にそれぞれの暮らし、色彩、町の匂いがあり、その多様さに心打たれる。インドではトウガラシ畑の赤がみごとだった。（青木）

が進むほど、そのような町とムラの交流が大事になってくるのではないかと思います。

地元に誇りをもつことが地域づくりの出発点

青木●九州で面白い動きを見せている地域にはどんなところがありますか。

養父●グリーンツーリズムに着目すると、阿蘇、大分でいえば安心院町、大山町、豊後高田市、それから熊本県の水上村などで興味深い試みが見られます。水俣も面白いですね。水俣は水俣病といういわゆる負の遺産を受け止めたうえで、地域づくりに動き始めています。まずは自分たちの地域の現状を受け止めてそこからスタートしないと先に進めないという考えです。先ほどお話しした「地元学」も水俣だからこそ生まれた視点です。

青木●市町村合併に際して、積極的な合併後のイメージをもっているところはありますか。

養父●ぼくの知る限りではあまりないです。とくに合併後の各地域がどうなるかといったところまで考えて動いているところは少ないのではないでしょうか。また、そういった合併後のビジョンに関する議論に住民が入ってきていないのが大きな問題ですね。加えて、議論の材料が「ここの町はこれだけの借金を抱えている」といった数字の話に終始しているのが現状です。それではうまくいくはずがないと思います。

　ぼくの郷里である福岡県宗像市は去年の四月に隣町の玄海町と合併したのですが、比較的すんなりと進みました。これは両者が宗像大社を中心とした、同じ文化背景をもっていたということが大きな理由なのです。宗像市も玄海町も、もともとは「宗像神郡」の氏子という意識のうえでは深い結びつき、親近感がベースにあったのです。

青木●なるほど。

◎『九州のムラ』特集「グリーンツーリズム」より

水俣市と地元学
熊本県水俣市環境対策課長・吉本哲郎は地元学提唱者の一人で、水俣市での取り組みがほかの自治体からも注目され、地元学は全国に広まった。

養父●地域にたいする誇りという共通のベースがあるのです。このように歴史的に近いところ、または人の交流が古くからあったところの合併はあまり混乱がないようですが、そうでないところはたいへんですね。

自分が住む地域について、もっと勉強する必要がありますね。自分たちの住む地域の自然遺産、文化遺産、暮らしの遺産という視点から地域の個性を見ていくわけです。

青木●おっしゃるとおりで、合併に際して文化的な背景ではなく、行政の財政的な側面のみが注目されているのは問題ですね。ただ、現在直面している財政的な問題をムラという単位でクリアしているところはあるのでしょうか。

養父●いや、それは難しいですね。

青木●やはりそうですか。

養父●それは、これまでの公共工事を主体としたお金の落とし方を超えるシステムが見つかっていないためです。たとえば、ダム工事をすれば地元の人を一日数千円で雇うことができます。しかし、それを公共工事ではないかたちで、かつ一日数千円分をいかにして生み出していくか考えるのはたいへん難しいのです。それを、ぼくはなんとかツーリズム的な人の交流や、野菜の直売といった小さな生業によって解決できないだろうかと思っているのです。

最近うちの会社にもムラに携わることを何かやりたいということで都会の学生さんなどが来ます。ただ、どうやって生活するかという部分で躊躇《ちゅうちょ》しているんです。暮らしを成り立たせるための生業づくりを真剣にやる必要がありますね。ぼくはそこをグリーンツーリズムで成り立たせることが可能なのではないかと思っているのです。そのためには今一度、「農」に立ち戻る必要があるのではないかと思います。

青木●ぼくが今やっている「リファイン建築」も、底辺を見ながら進めてきたものだといえる

捕ったばかりの魚を売っているイスタンブール（トルコ）の私設魚市場。左は観光フェリーから見たブルーモスク。

のです。今、建設業界では流通コストを下げることでローコスト化を図ろうとしています。しかし、そのシステムが結局誰かが損をすることで成り立っているのであれば、将来がないとぼくは思うのです。だからこそ、建築のシステムを考え直す必要があると思っています。

たとえば、ガラスは内外の間仕切り材としても、外側、内側の仕上げ材としても使えるというように何役も兼ねる、たいへん便利な材料です。しかしサッシュが高い。そこでサッシュをなくす方法はないか、あるいはサッシュを違うものに置き換えることはできないか、とぼくは考えるわけです。リファイン建築で古い建物を扱うときには、とくにそういった考え方で設計します。だから、最終的に新築の三割減、四割減のコストでできるのです。ただ単に古い建物を扱うというだけでは費用はアップしてしまいますからね。

じつは、ぼくは自分の家をつくってみて、住宅ローンのしんどさに腰を抜かしました。

養父●重いですよ、あれは。

青木●そこで、住宅の適正価格化をめざして三〇坪で一〇〇〇万円の家を考えたんです。これはぼくの著書『リファイン建築へ』で発表しています。

近代建築の巨匠の一人ミース・ファン・デル・ローエの「ガラスの家」のような建築を木造で、しかも施主が自分でつくることはできないかと思ったんです。日本の建物は、軸力という垂直の力と、水平力とに分けて構造計算をします。この住宅の構造方式であれば、コンクリートのコアで水平力を支えているため、柱は細い材料ですみます。ですから、これなら自分で建てることができるのです。そして、たとえばぼくが家をつくるときには養父さんが手伝いに来てくれる、養父さんがつくるときにはぼくや養父さんの友達が手伝いに行くということをするわけです。

養父●「結」の仕組みですね。お互いに手伝い合えば練習にもなりますしね。

青木●ええ。これはぼくが子どもの頃見た家づくりの原風景と重なるわけです。こうすると人件費を下げることもできます。それに加えて、パーツを建材屋やホームセンターで手に入るようにすればさらにいいと思います。

養父●それに昔の田の字型の家は合理的なんですよね。

青木●そうそう。一室がいくつもの機能をもつ点で、そういえますね。つまり、われわれが今もっているシステムを入れ替えたり、工夫することでいろんな分野に応用することができるわけです。

それは、最初に触れた母都市と周辺の町、たとえば佐伯市と蒲江町の関係にも当てはめることができます。生活に必要なことのすべてを蒲江町の町内だけで満足させようとするのは現実的ではないのです。ぼくは、ムラ社会の小宇宙の中ですべてのことを成立させるのは無理ではないかと思っているのです。ムラ社会の中でできることと広域でやるべきことをきちんと議論するべきではないか。そうすることで、人口一万人くらいのどこの町にも立派な文化ホールや音楽ホールがつくられるようなこれまでのやり方は、変わっていくと思います。加えて、交通網が飛躍的に発達しているのですから、広がりをもった地域で役割の分担は充分可能性があると考えています。

世代をつなぐ地域づくり

養父●日本がもっている本来の文化を、活躍させることができる分野があるはずですね。日本人の感性がどこで養われてきたのかを問うことは、「自然とどう共生するか」を考えることにつながると思うんです。西洋は人間を自然と対峙させますが、日本人は違います。日本人にと

ミャンマーの首都ヤンゴンから車で一時間ほど走ると田園風景がひろがる。懐かしさを感じるような風景だった。

って自然はあまりに身近すぎて、「自然」という言葉が西洋から入ってくるまではその概念がなかったほどです。

青木●そこにあって当たり前のものとしてとらえていたということですね。

養父●そうです。ぼくらは、トンボやカエルを見ると自然があるなと思いますが、じつはそれらは手つかずの自然からは生まれないものなんです。ぼくらが自然だと思っているものの多くは農業と密接に関係していて、農業をすることで守られている環境があって、そこで生きている生き物たちなんですね。原生林のジャングルの中の自然観と日本人のそれとはまったく異なるわけです。「農」というものをもう一度見つめ直して、そこから日本人のもっている文化的な視点を再検証したときに、それはいろんなジャンルで応用できるはずだと考えているのです。

ビル・モリソンが確立したパーマカルチャーという理論体系があって、持続可能な農業ということをいっているのですが、それはまさに昔の日本の「農」のあり方なのです。ウシを飼って、ウシで畑を耕し、ウシの肥料を入れ込んで土をつくるというような、循環する農業です。それを現代版に置き換える作業が必要になると思います。

青木●持続可能ということでいうと、リファイン建築は、三〇年ほど前のちょうどぼくが社会に出た頃の建築を扱うのですが、仕上げを剥いでみますとひどいことになっているものが多いのです。それは、当時の手抜き工事が原因であることがほとんどです。それらを見ると、今、自分がしている作業が未来にどう残っていくのかという部分を考えなければならないと改めて思います。だからこそ、未来にたいする責任までリストラされかねないような昨今の状況は、ちょっとまずいと感じますね。

養父●ぼくの知人が「一〇〇〇年の森プロジェクト」という活動の準備をしているのですが、これは東京のゴミの島を一〇〇〇年かけて森にしようというプロジェクトです。かなり現実味

を帯びてきていて、行政も乗り気になっているようで、すでに一部植林を始めています。

その友人に「面白い人が九州にいる」と紹介されたのが、日本設計名誉会長の池田武邦さんです。ハウステンボスの会長も務めた方で、ぼくはそんなに偉い人とは知らずに会いに行ったのです。戦艦大和の巡洋艦に乗っていたのだそうですね。戦争が終わって帰ってきてみると、日本は焼け野原となっていたことにショックを受けながらも、「悲しんでいる場合ではない」と、東大に入って高層建築の第一人者になった人です。しかし彼はあるとき、自分がやってきたことは自然を壊すことだったのではないかと思ったそうです。それを機に、彼は鎮守の森の世界に入っていくわけです。ちょうどその頃に神近義邦さんと出会って、自然を壊してつくっていたそれまでのリゾートのあり方を変えようという思いを抱いたそうです。今の日本の技術を駆使すれば日本人が壊した自然を再生して、エコノミーとエコロジーとを両立させる新しいリゾートができると考えたということでした。それで、あえて工業用団地として開発された、草木もない埋め立て地をハウステンボスの敷地に選んだそうです。環境に留意したハウステンボスには二酸化炭素量を測定する装置があるそうですが、それについて彼は「自分たちの世代は、自然と人間がどう共生していけばいいのかということを感覚で知っていたのに、次の世代は経済に引っ張られすぎて、数値でしかそれを知ることができなくなった」とおっしゃっていました。

池田さんは、ぼくに「今、私たちの世代の言葉がもう一度見直されるべき時が来ている。しかし、一〇年後には私たちの世代はいなくなるのだから、私たちの世代の言葉を伝える仕事をしなさい」といわれたのです。それから、ぼくはムラの中に入っていっておじいさん、おばあさんたちを取材しているわけなんです。

青木●そうでしたか。池田さんは建築界でも有名な方です。たいへん面白い方ですね。講演会

ハウステンボス
長崎県大村湾に面したテーマパーク。長い間放置されていた針生工業団地用地一五二万㎡に四〇万本の樹木を植え、全長六㎞に及ぶ運河をめぐらせて、自然環境をよみがえらせた。一九九二年オープン。

で、初めに自分が関わった超高層ビルのスライドを見せて、「これはよくない、今の時代はこれだ」といって土の家を見せるそうですよ。ある時、自分が設計した超高層ビルから一歩外に出て、そこで初めて雪が降っていたことに気がついて、超高層ビルは環境の変化を感じることができない建築であることにショックを受けたそうです。そこから急な方向転換です。これまでの仕事の全否定ですから、日本設計の後輩は困ってしまったらしいですが。

養父●直接ではないけれど、池田さんも「一〇〇〇年の森のプロジェクト」に関わっています。

誰が今後のムラの担い手としてあり得るのかと考えると、現実に今、ムラに住んでいる人々の子どもたちがムラに戻ってくるということは難しいと感じています。それよりもムラをまったく知らない人たちが、なんらかのきっかけで価値観を変えて、第二の人生を踏み出す場としてムラに入ってくるのではないかとぼくは思っているのです。

そのことを期待してツーリズムを進めたいと思っているのですが、そのためには一度ムラまで来てもらわなければならないわけで、時間的な問題と費用の問題が発生します。その問題を解決するために、東京のど真ん中に彼らの意識に変革を起こす一大装置としてゴミの島を位置づけるという発想もあるのではないでしょうか。そこに携わった人間が、たとえば植林インストラクターになって全国のムラに散らばっていけばいいと思っているのです。

「勝ち組・負け組」の理論から「共生」へ

青木●面白そうですね。ぼくは、田舎から都会に行ってしまった人も、ムラに戻ってくるのではないかという期待が、わずかながらあります。都会に出た人が定年退職後に田舎に戻るということは、現在ほとんどあり得ないですね。それは、すでに親が亡くなっていて戻る家がない

ということが理由ではないかと思うのです。彼らにどんな老後の選択肢があるかというと、細々と都会で暮らすか、あるいは近郊に買った家に暮らすかで、あまり多くはありません。

そこで、ぼくはこういう仕掛けを考えています。廃校になって空いた校舎を住宅に転用することでUターン組の一時受け入れ施設として使うのです。たとえば、最初は一週間ほど滞在し、それで気に入れば一ヵ月、半年と延ばしてみるのです。B&Bみたいなかたちで朝食だけつけるというやり方もあると考えています。夜はお店で食べてもいいし、ちょっとした厨房があれば近くで魚を買ってきて料理してもいいと思います。

養父●廃校は可能性を秘めているとぼくも思います。ぼくは、『九州のムラ』で廃校をしばらく追いかけていたのです。ムラの人にとっては学校はとても思い入れが強い施設です。話を聞いてみると、学校のチャイムが聞こえなくなってしまうことをとても寂しく感じていました。かつてのムラの中心的な施設であったものをそのまま朽ち果てさせていいのかという思いもありますね。

青木●そうです。生活という面でも、ムラの生活は一定の年金や退職金があればたいへんではないと思いますし、アクセスの点でも昔のように東京に行くのが大仕事だった時代とは違っていますしね。

農業も大規模な株式会社化したものが出てきている一方で、食の安全という面でも家族単位の農業が見直されていますね。

養父●そうそう。大規模農業だけだと本当に安全かという問題がありますね。ぼくは、グローバルになればなるほどおかしくなる領域というものがあると思っています。農業はその最たるもので、生産地と消費地が離れるほど過程がわからなくなるので、ポストハーベストや偽造表示などの食の安全を揺るがす問題が起こりやすくなります。環境や福祉、教育なども、グローバル化が行きすぎると問題になりやすい分野だと思います。グローバルに馴染まない領域は、ある一定規模の中で成り立たせていくべきでしょう。

今の二〇代くらいの世代は宮崎駿のアニメに強く影響を受けていて、ムラをいいイメージでとらえていています。ぼくのリクルート時代の同期の女性が今、ポケモンの広報部にいるのですが、ポケモンは世界六〇ヵ国で放映されているんだそうですね。そういうアニメは初めてだそうです。ぼくは五歳になる長男の影響でアニメのキャラクターもいくつかは知っているのですが、ぼくの目にはそのモンスターたちは八百万《やおよろず》の神々のように映るわけです。ぼくは、今、日本人の自然観・価値観が世界に求められているのではないかと思っているのです。とくに九・一一以降、アメリカ的な勝ち組・負け組の理論から、共生の理論へと変わってきているのではないか。そのような理由でポケモンが六〇もの国々で受け入れられているのではないだろうかと思います。

宮崎駿のとくに若い人にたいする影響力はかなりありますよ。

青木●ぼくは大分県の宇目町で仕事をしたことがあるのですが、そこにトトロという地区がありますね。

養父●そうですね。今度、宇目町に行かれたらぜひ見てほしいところがあります。ある集落で、田んぼの中に鳥居が建っていてその奥に鎮守の森がたたずみ、まさに宮崎駿の「となりのトトロ」の風景がそこにあるのです。そこに億単位の景観保全事業費が下りてきて、あぜ道がコンクリートで固められて、親水公園なるものができている。それが景観を壊してしまっているのです。行政はいらないことをするなと思いました。

青木さんは「バルビゾンの道」という名前がついている農道があるのをご存じですか?

青木●いいえ。

養父●印象派の画家の一派の名前がついたその道の名前から、そこを訪れる人やそこに住む人々が何かを感じるものがはたしてあるのだろうか、とぼくは疑問に思います。
日本人は名前をつけることにたいしてあまりに無神経ですね。だから、市町村合併に際しても新しい自治体の名前をどうするかについても無神経なんですね。それまでの歴史の中で呼ばれてきた名前をいとも簡単にくっつけたり、あるいは捨てしまうのはおかしいと思います。
たとえば、字《あざ》の地名が入った字界図はその地域の歴史、風土が表現されているんです。ただ、今は市町村役場へ行ってもこれがすぐに出てくるところとそうでないところがありますね。
天草で講演したときのことですが、市町村合併の話をした瞬間に会場が凍りついたことがありました。そのときの合併の枠組みは、地域住民にとってみると違和感があって、それは歴史的な背景とは合わないものだったからなんです。
青木●ぼくは今、本渡市で仕事をしていますが、ここは合併がだめになったんです。ぼくは、だめならだめでいいと思うのです。文化にしろ、お金にしろ、あるいは枠組みにしろ、なんらかの問題があったからだめになったのであって、それを掘り起こす作業が大事だと思っているのです。
養父●そうですね。ぼくもそう思います。

対談風景

合併はまちのリファイン

安田公寛……熊本県本渡市長
青木 茂

合併を見送る

青木●ぼくの故郷の大分県蒲江町は平成の大合併で佐伯市と合併してなくなります。それにたいして天草合併協議会は今回、合併を見送って解散したとうかがいました。そのあたりのことからお聞きしたいと思います。

安田●本渡市を含む二市八町で構成されていた天草合併協議会は、二〇〇四年三月三一日をもって解散しました。

私が合併問題に関わったときからいっているのは、何のために合併するのかということです。「何のために」ということがいくつかあると思うのです。行政の立場からすると、一つは今の自治体の大きさでは行政改革をどんなに詰めていってもなかなか財政的に成り立たないが、行政区域を広げることによって行政改革が進めやすくなる。スケールメリットが出てくるから、

郵便はがき

料金受取人払

豊島局承認

342

差出有効期間
平成18年11月
30日まで
(切手はいりません)

171-8790

184

東京都豊島区池袋2-72-1
日建学院2号館

(株)建築資料研究社
出版部 行

お買い上げいただいた本の書名	お買い上げ書店名
小社出版物についてのご意見・ご感想などお書きください。	

書籍雑誌注文書

書店様へ

このハガキは番線ご記入のうえ投函して下さい。

（番　線）

お客様へ

小社出版物のご注文はこのハガキをご利用下さい。

ハガキは①お近くの書店にお渡しになるか、②直接投函して下さい。

①の場合、書店よりご購入いただくことになります。

②の場合、小社より代金引替（送料は一律600円）の宅配にてお送りさせていただきます。尚、ご注文の代金は本体価格＋税となります。

書　名	部数	定価（税5%）
合　計 （②の場合のみ送料 ￥600）		

送付先 住　所	〒　　自宅・勤務先（どちらかに○）
氏　名	
ＴＥＬ	（自宅）　（勤務先）
会社名 所　属	

できる限り広げていきましょう。その場合、天草は島だから、島で一つになりましょう、ということでした。合併は住民のみなさんを移動させるのではなくて、自治体としての範囲を広げるだけの話ですから、行政サービスを低下させることにはならないということを説明してきましたが、なかなかその辺の理解が得られませんでした。

私は、合併は「島に還る」ことだと思っています。天草は大小一二〇あまりの島々に約一五万人が暮らしています。そこに二市一三町の自治体がありましたから、これをもう一度「島」に還そう。それによって島がもっている文化や生活様式が必ず人間を豊かにしてくれる。私は「合併は島に還る運動だ」と市民に訴えてきました。島に還ることによってスローなライフスタイルを享受できる。もし天草が一つになれたら理想的な地域ができます。島の真ん中に人口約四万一五〇〇人の本渡市があるわけですから、利便性の高い本渡と、豊かな自然をもっている周辺の市や町が一つの自治体を構成すれば、日本中に誇れるような素晴らしい生活空間ができるということで、それをめざそうと努力したのですが、なかなかうまくいきませんでした。

最終的にネックになったのは、合併をめぐる議論がまちをどうつくるかというまちづくり論ではなくて、財政をどうしていくかという財政論になってしまったことです。財政論でいくと、お前の町の借金を払うために合併するんじゃないんだぞ、という話になって方向がおかしくなる。私は、そうではなくて、まちづくり論として合併を考えていきましょうという話をしてきたのです。まちづくり論というのは政治なんですね。

私は、まちづくり論をはずれたところで合併を考えていくと、市民に夢や希望を与えることができないと思うのです。五〇年に一度訪れたチャンスをどうとらえて、どのようなまちをつくっていくのか、まちづくり論で合併についてもう一度考え直してみよう。もう一度、合併を元のかたちに修復することができるのなら、それもよし。もしどうしても納得できないという

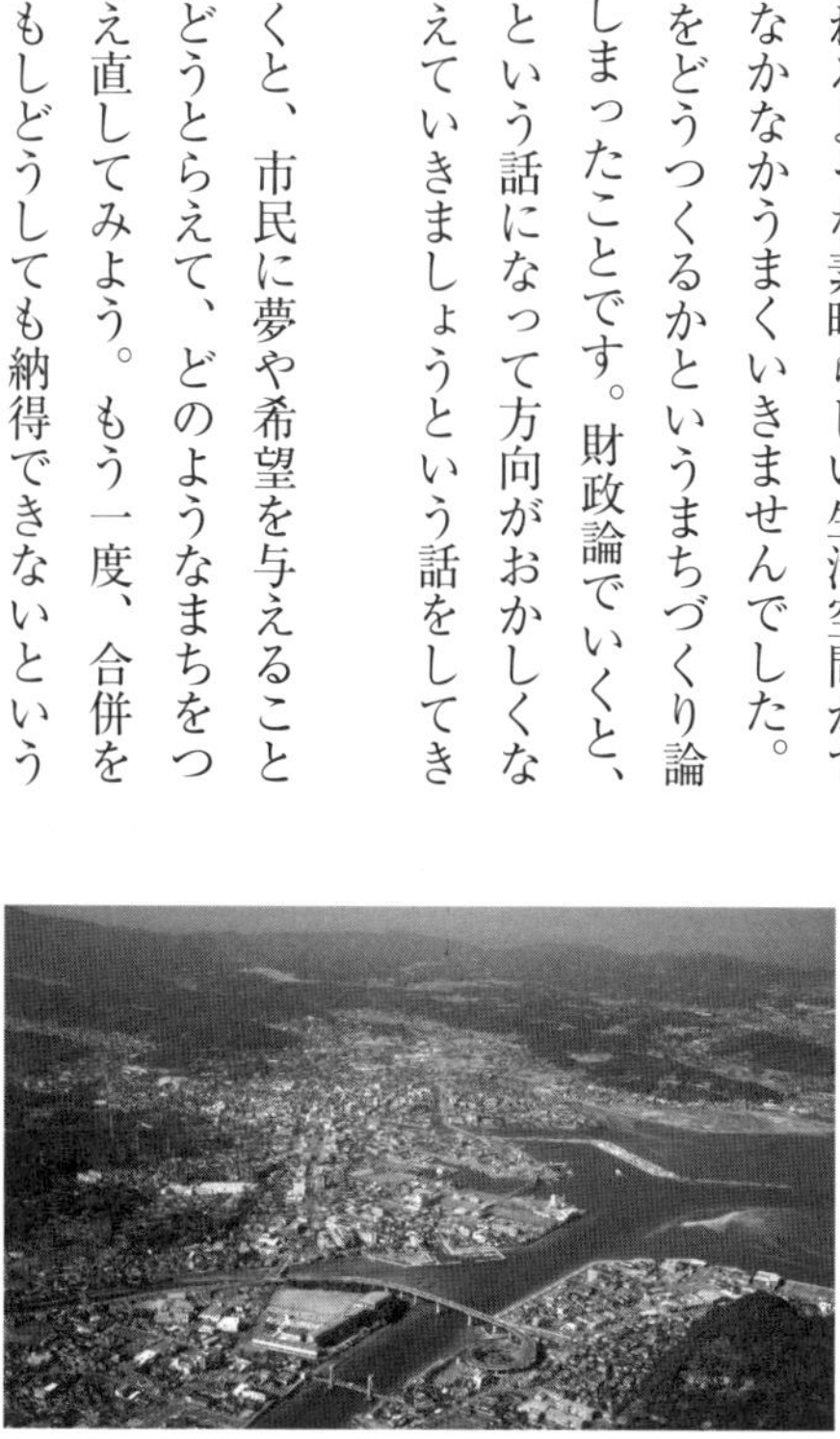
熊本県本渡市は天草上島・下島の中央に位置する。総面積一四四・八一㎢、人口約四万一五〇〇人。市域は本渡瀬戸海峡を挟んで天草上島と下島に広がっている。一九五四年、天草郡本渡町を中心に近隣八町村が合併し、後に天草郡宮地岳村を編入して現在にいたる。

のなら、合併にいたる階段を一つか二つ増やして、将来的には一つの島にしていこう、という長期のスパンに立たざるを得なくなりました。それでも周辺の町から理解が得られるのかどうかわかりませんが、こういう小規模自治体の集まりの合併は、特例法に庇護されて財政的支援を受けるときでないと、なかなか難しいだろうと思っています。

青木さんのリファイン建築について書かれた本を読んで私が感じたことは、合併はある意味でまちのリファインなんですね。行政改革というのは自治体の贅肉を落とすことですから、合併はけっして接着剤で自治体同士をくっつけるということではなくて、まず全体としてどういうまちをつくるのか、まちのかたちを考えて、削るべきところは削り、まちを新たに組み立てていく。なにか、そんな感じがします。

青木●リファイン建築は古い建物の仕上げを一度すべて取り払って構造体だけにしますから、その建物を設計した人や施工のレベルがわかるんですね。そうすると、自分が今やっていることは三〇年後にどう見られるのだろうか、ということをすごく考えるようになりました。リファイン建築をやっていると、過去に戻ってもう一度検証しないと、未来も理論的に組み立てられないなという気がしています。

今、市長がおっしゃったように、合併問題は財政論だけで始まっているところが多いけれど、しかし、こういうまちをつくろう、合併後にはこういうビジョンがあるということを示して、それに向かうということをしないと違った方向にいってしまう。合併が単なるお金の話だったら、田舎に住みたいというまちづくりの方向はまったく出てきません。

ぼくは、佐伯市の前の市長で亡くなった小野和秀さんから佐伯市の都市計画マスタープラン策定委員長になれといわれたことがあります。ぼくがやると変なものができますよ、といったら、小野市長は変なものでいい、と。大学の先生がつくるマスタープランは当たり前の報告書で、何もない。お前らしいマスタープランでいいから、とにかくやれ、といわれてぼくが考えたのは、ぼくらが幼い頃は世の中が今みたいにせかせかしていなかったということです。ぼくらが社会に出たときも、社会は今よりもおおらかに受け入れてくれて、多少の失敗はいいよ、と許してくれた。しかし、今はうちの事務所の新入社員にたいしてもそういう気分で教育できないんですね。世の中、世知辛くなって、かわいそうだなとは思うのですが……。ところが、今でもぼくの生まれ故郷に帰ると、もう少し余裕を感じます。大分から峠を越えて佐伯地区に入ると、急に時間の流れがスローになる。それで、当時の小野市長にスローフードならぬ「スローシティ」でやりませんか、という話をしたら、ほかの委員のみなさんから反発をくらいました。なぜかというと、スローシティというのはいかにも田舎臭い、それは受け入れられないということでした。

そのときぼくが思ったのは、そこに住んでいる人は自分の現状をけっしていいと思っていないということです。たとえば、都会に住んでいる人でも自分の住んでいるところをいいと思っている人はいないと思うんですね。隣の芝生は……、という感じでしょうか。

もう少し、自分たちが住んでいるまちはいいまちなんだ、われわれは実はいい暮らしをしているんだということを見直す作業をする必要があると思い、そこで二〇〇三年夏、蒲江でワークショップを仕掛けて、よそから来た人に蒲江のよさを発見してもらう。一方で、地域の産業や特性を見直す作業をして、それを織物のように織っていくと、まったく違ったまちの姿が見えてくるのではないかと思ったのです。それは合併する前にどうしてもやっておかなければならない、避けて通れないのではないかと思いました。

昭和の合併のとき、ぼくは小学生だったので記憶の奥底にはあるのですが、データとしてはあまり残っていませんね。合併がうまくいくかどうかは時間が評価してくれると思いますが、

安田公寛(やすだ きみひろ)
一九四九年生まれ。一九六八年熊本県立天草高校卒業。一九七三年熊本大学卒業、一九七五年駒沢大学大学院修了。日本青年会議所副会頭、保育園理事長、市教育委員長などを経て、二〇〇〇年四月より本渡市長。現在二期目を務めている。

今の行政の指導者や住民が何を考え、ぼくらのような建築の設計に携わっている者はどう考えたかを、きちんと残していくことが重要ではないかと考えています。

安田●私は市民と対話する機会があると、そろそろ価値観を変換させないといけない時期にきているのではないか、ということをいっています。今までは経済至上主義で、お金が儲かるか儲からないか、あるいは収入がどれくらい得られるかという視点でまちの豊かさを測っていたのではないか。今、お金という視点から違う価値観に転換させていく時期にさしかかっています。そのことに気づくのが早ければ早いほど、私たちは大切なものを失わなくてすむし、また新しい発見もできるんです。

天草はそういう意味では宝が山ほどあるんです。お金という価値基準では測れないものがたくさんある。歴史にしても、自然にしても、あと一〇年かかるか二〇年、三〇年かかるのかかわかりませんが、それらが見直されて、天草に行って住みたいという時代が必ず来る。私たちは今、それに似合うまちづくりをしましょう、と。今、青木さんは「スローシティ」とおっしゃいましたが、日本一素晴らしいスローシティをつくろうというのです。

天草は本当にバランスがいい地域だと思うのです。まだまだ空気はきれいだし、海もそう侵されていません。周りは海で、真ん中が山というところがいいですね。平地が若干あり、集落がとぎれとぎれにあって、真ん中に利便性の高いところがあって人と人が対流していく。こんなにいい場所はないだろう、と思っています。宝物がたくさんあるのだから、その宝物をうまく生かしながら、将来の天草という希望につなげていく。それが合併だと私は思っています。

たしかに、合併によって行政の効率性を高めるというのも一つの考え方ではあります。このままいったら天草の自治体はどこも潰れて、間違いなく赤字再建団体に陥らざるを得ません。今後、税収が増えるような町はほとんどないわけです。本渡市でやっと財政力指数四二%ほど

祇園橋が架かる町山口川

ですが、他は二〇％以下の町ばかりです。逆にいうと、今こそチャンスなんですね。おっしゃるとおり、いろいろなしがらみを一度全部剝がして、五〇年前の姿に返して、それぞれの地域の骨組みをきっちり残しながら新しく組み立てていく、そういう作業が必要だろうと思います。

青木●ぼくは合併の際にそれぞれのまちの役割をイメージして打ち出す必要があると思うのです。ぼくの出身地の蒲江町は合併で佐伯市に吸収されるわけですが、天草地域の中で本渡市はある意味で佐伯市の役割を果たすわけですね。その場合、本渡市に都市の集積をつくっていく必要がある。たとえば、商店街の空き店舗やビルをアパートにリファインしていく。それによって都市の集積ができると、かなりインパクトのあるまちができるのではないかと思っています。本渡市の商店街を見ますと、まだまだ力がありますね。もう一工夫すると、もう一度よみがえる感じがします。いろいろなイベントを仕掛けていますが、どうにかしようという意欲があると思うんです。ところが佐伯市の場合はほとんどがシャッター通りになっていて、かなり難しい状況です。

本渡市はまちの中を河川が通っていますね。あれはすごくいい風景ですね。

安田●大きな河川が三本通っています。まちのど真ん中を流れている町山口川には国の重要文化財である「祇園橋」がかかっていて、たいへんいい風景があります。まちの西側を流れる広瀬川は農村地帯を流れて住宅地に下りてくるのですが、蛍が飛び交う川です。もう一つの亀川は三〇年くらい前、上流に大きなダムをつくったんですね。水瓶としてつくられたのでしょうが、その結果、下流のほうはずいぶん様変わりしました。昔はこの川は生活の場でした。白魚漁をやったり、アオノリを採ったり、とてもいい川でした。今でもある程度のところまでは白魚が上がってきますし、アオノリもけっこう採れています。この三本の川は本当に豊かですね。まちの中でそれぞれ役割を果たしています。

祇園橋
石造桁橋としては国内最大級で、一八三二年（天保三）、下浦村の石屋・辰右衛門によって建造された。下浦の石工は島内はもとより九州各地で活躍し、長崎・オランダ坂の石畳など、重要文化財が今も残っている。

青木●佐伯もけっこう川が多いのですが、本渡市のほうが生活に密着していますね。

島が一つにならないと、守れないものがある

安田●天草の合併は、二市一三町を一つにするのが最終的な目標です。私はちょうど合併論議が始まる頃、本渡市長に就任したのですが、合併協議の中で、島は一つでいくべきだといったのですが、それでは広すぎるという意見がありました。いまどき、広すぎる、狭すぎるという問題は何もないと思うのです。そこに住んでいる人たちを移動させる話ではなく、行政区域が一つになるというだけの話ですから、ＩＴの力を借りればどうにでもなる。ところが、これも本当に参ったのですが、熊本県が研究機関に依頼して、合併のパターンを示したんですね。そこで大学の先生方が天草を三つに割ったわけです。どうもそれが最初から頭にこびりついていて、このパターンが一番いいということになり、三つのうちの一つが上天草市として誕生したわけです。そういうふうに分割して進もうということであるならば、合併という階段を一段では昇れなかったわけだから、二段か三段に分けて、将来的には一つになっていきましょう、とならざるを得ないんです。

私が一番心配しているのは、合併しないと守れないものがあるということです。まず第一番目に環境。これは合併しないと守り切ることができません。たとえば、財政力指数が〇・一〇くらいの小規模な自治体で行政運営をやろうとすると、禁じ手である職員給与をどんなにカットしても、経常経費と介護保険など民生費だけで精一杯で、あとは何もできません。そうすると、一番先に削られるのが環境的な部門です。将来のために今、守っていかなければならないところに、手をつけざるを得ないのです。

亀川上流のダム

現実に天草でも、御所浦町という人口五〇〇〇人弱の島がありまして、島が生きていくためには、ということで核廃棄物の最終処理場に応募しようということで議会がまとまったんですね。でも、これは御所浦町だけの問題ではないんです。周りの海、周りの島、ある意味では九州全土の問題です。これには私たちもびっくりしました。合併を視野に入れていた周辺自治体や各種団体などの相次ぐ反対声明や行動で、やっと白紙撤回していただきました。

国が全国の自治体にたいして、核廃棄物の最終処理場や刑務所を誘致しませんか、という公募をやっているんです。すると、受刑者も交付税対象の人口に数えられるから、刑務所を誘致して人口が一〇〇〇人増えればいいじゃないか、という議論になってしまう。けっして刑務所が悪いとはいわないけれど、天草という観光のイメージを考えるといかがなものでしょうか。

もう一つは、合併すると地域コミュニティが崩壊するとよくいわれますが、小さい自治体のまま残っていれば本当にコミュニティは残っていくだろうかという問題があります。たとえば、町が赤字再建団体になったときに、コミュニティはきちっと守られていきますか？　これはたいへんな状況になります。その前に合併して、青木さんの蒲江町のように地域特性を生かしながら、大きい自治体の中でそこにスポットライトを当てる行政をやっていかないと地域は守れない、と私は思うのです。合併しないと守れないものはそのほかにもたくさんあると思います。

まちづくりを考えると、合併とはそういうことだと思うのです。本渡市だけに人口が集積して、このエリアだけ大きくなっても、いいまちのかたちとはいえませんから、ここはある程度の大きさがあって、適当な時間距離のところに、ここは温泉町、ここは水産のまち、といったかたちでそれぞれのまちが点在していく。そういうイメージが私の頭の中にあります。

青木●設計という仕事は、昔は施工と一緒に請負がやっていました。それが、明治以降、ヨーロッパで勉強した人が建築家という地位を固めて、今は設計と施工を完全に分離したかたちで

天草瀬戸大橋

やっています。それをまちにあてはめますと、小さなまちというのは何でもかんでもやってしまおうという発想なんです。ある意味では、プロフェッショナルではないわけで、技術濃度が非常に薄い。

安田●小さい自治体は職員数も少ないですから、建築課長兼土木課長とか、教育課長兼生涯学習兼……というようにいろいろ兼任することになります。ですから、小さい自治体ではゼネラリストが重んじられるし、また、そういう人たちがいないとやっていけない。しかし、そういう人たちはいわゆるプロフェッショナル、エキスパートではないわけです。ところが大きな自治体になるとエキスパートがきっちり配置できます。合併することで何がメリットとして出てくるかというと、そういう利点はありますね。ゼネラリストではなくてスペシャリストを配する。そうすると、より力強いまちづくりができるような気がします。

漁業も、農業もリファインが必要

青木●天草もそうですが、蒲江町も漁業が盛んで、今はそれぞれの地域が個別の漁港から出荷しているんですね。まちが一つになると、それをある程度コントロールできる。それをやらないと他の地域に勝てないんじゃないかとぼくは思うのです。

安田●天草では、行政も一つになるんだから、漁協も一つになろうということで、いま合併が進んでいます。JAもそうですが、これがうまくかみ合わないと、いい施策展開ができないわけです。先日、富山県の氷見市を視察してたいへん参考になったのですが、氷見市は寒ブリの水揚げの多いところですが、何をアピールポイントにしているかというと、うちはトロール漁法で根こそぎ捕るのではなくて、定置網漁法で魚を捕っています、というわけです。氷見特有のやり方のようですが、網の大きさをだんだん小さくして三段にして、大きい網の目を通り抜ける小魚は全部逃がしてしまう。最後にかかる大きな魚だけを捕る。だから、環境にやさしい漁法だ、と。根こそぎ捕るから魚がいなくなるという発想から、そういう漁法を採用しているわけです。それを見ていると、天草もこれだけ水産資源を有しているのだから、環境と共生する漁法を考えていく必要がある。三〇年、四〇年昔に戻ってみると、親父たちはこういう漁法をやっていた、というのがあると思うんです。そういうことも、合併を通じて新しいまちづくりを考えるときに見直していくことも必要だと思います。栽培漁業もけっこうですが、はたして水揚げ量だけを上げていくことでいいのか。昔は水揚げはそんなになかったけれども、しかし新鮮なものがきっちり捕れて、そのころは魚価もかなり高いところで安定していたんですね。今は栽培漁業になって魚価はどんどん落ちていくし、魚価が落ちればいたちごっこで、じゃあたくさん捕らなきゃ間に合わない、ということになって、小さい魚でもなんでも根こそぎ捕るということになる。そういう悪循環を、合併を期に新しいまちづくりのなかで見直すことができればと思っていたのですが……。

今うれしいのは、力強い自治体になれば目配りのできる農業ができるのではないかと思って、新しい試みを始めたのです。

天草は高齢化社会の最先端をいっているんです。本渡市は約二二%で県の平均程度ですが、一番高齢化率の進んでいる町で三四%、三〇%を超えている町が五つほどあります。天草の平均が今、二八%ですから、あと二〇年経つと平均で三五%、最高の指数を示すところは五三%になります。かろうじて本渡市が三〇%くらいで止まって、他の町が四〇%くらいで、五〇%を超える町が二つくらいできるだろう。長寿社会は歓迎すべきことではありますが、しかし、それは子どもが少ないということにつながるわけですから、どういう現象が起きるかというと、

天草・島原の乱で殉教した人々や両軍の霊を宗派を超えて弔うために天草殉教祭が毎年行われている。八月には激戦地だった町山口側沿いに提灯を吊す。

税金を払ってくれる世代が圧迫されることになります。税金を誰が払うのか、町をどう運営するのかという問題が出てきます。

合併を通じて自治体が力をつけて、高齢化にふさわしい産業を探していかなければならないのです。たとえば、高齢化に合った農業を考えると、作物の種類を考え直す必要があります。高齢化したところでは稲作は無理ですから、何がいいのかを考えて町や市の政策として奨励する。これにはJAの協力が必要です。天草は暖かい地域ですから、それを生かしたさまざまな作物が考えられると思います。

本渡市では次年度から高齢化対策として新しい取り組みを始めます。老夫婦だけで農業ができなくなると、農地が荒れ地になる。荒れ地になるということは環境が悪化していくことにつながりますから、「荒れ地をつくらない」をコンセプトにして、高齢化した農家に若い人材を派遣しようじゃないかということを考えているのです。JAと本渡市と民間で協同出資して会社をつくり、農業高校を卒業した学生さんを少なくとも本渡市の初任給と同じくらいの給料で雇って、その方々を高齢化した農家に派遣する。派遣先の農家からはたとえば出来高で払ってもらうのか、その辺は契約しだいでしょうが、今、それもどれくらいにすればそれが成り立つのか、出資も含めて計算しているところです。これは二〇〇五年卒の高校生から雇おうとしています。あまり背伸びする必要はないので、最初は小さく始めることにして、農業科をもっている高校が島内に二つありますので、そこから数名程度でもいいじゃないか、と。最長一〇年間しか雇いません、一〇年経ったら自立支援としていかばかりかの退職金を出します、というシステムです。これまでシルバー人材派遣はありますが、なんとか若い人の派遣をやってみようというわけです。うまくいけば地元採用だけではなくて、情報をインターネットに載せて、天草で働きたい、農業をやってみたいという人たちを受け入れることができるわけです。その人たちが天草に居ついてくれればしめたものだし、そうすれば人口構造が大きく変わる可能性がありますから、それに合わせてまちのかたちも変えながら、将来の変化に対応できる施策を打つ必要があります。

しかし、こういうことは小さな自治体では不可能だと思うんです。介護保険制度が今のままであるならば、人件費と介護だけでたいていの町は手一杯になっている。それは目に見えています。

私は青木さんと同世代ですが、あと一〇年するといわゆる団塊の世代が六五歳以上にカウントされます。そうなった日には恐るべき時代になる、と私は思います。ですから一〇年計画で手を打っておく必要があるのです。もう、今が最終リミットだと思います。今やっておかなければ、たいへんなことになります。

青木●今、ぼくの高校や大学の友達から手紙をもらいますと、たいてい定年退職しましたとかリストラされました、行く場所がない、という感じなんですね。ぼくはそういう人を受け入れる施設をつくってもいいんじゃないかと思うんです。廃校を改造した、短期間住むような施設を提供して、農業なり、漁業をやってもらう。奥さんがいいといえばちゃんとしたところを借りて住んでもらう。社会から見るとリタイアした人でも、まだまだ働けますから、そういう人を受け入れることは非常に重要だと思います。

蒲江は五つの中学校が合併して一つになりました。前は生徒数が一校二〇人とか三〇人だったのが、一挙に二五〇人くらいになったわけです。そうすると、競争意識が芽生えて、活性化が始まっているというんですね。その結果、やっと蒲江全体が一つのまちになったというんです。天草でも、教育においても合併の効果が表れると思うんです。

安田●私は小学校の校区がコミュニティを形成する核になると思っているのです。合併したら

天草国際トライアスロン大会は、オリンピックディスタンス（五一・五　）のトライアスロン日本発祥の地として名高い。

小さなまちは廃れてしまうと心配するけれど、それぞれの小学校は必ず存在させていくという施策を採れば、コミュニティは立派に形成されていく。

スウェーデンを視察したときに、小学校と公民館と福祉センター、この三つがあれば一つのエリアとして成立する、それが崩壊しそうになったときには範囲を広げて、崩壊させないようにしていく、そうしないと地域全体がだめになっていく、という話を聞きました。天草でもあてはまるところがたくさんあると思います。

島のパワーを結集するために

青木●ぼくは今月前半はニューヨーク、後半はロシアへ行ってヘルシンキ経由で帰ってきたのですが、ヘルシンキから関西空港からまで一〇時間です。昔は佐伯から東京まで行くのに七時間以上かかりましたし、今は航空運賃もずいぶん安くなりましたから、今、ニューヨークやロシアへ行くよりも、昔、佐伯から東京へ行くほうがたぶん高かったのではないでしょうか。時間も距離も、昔に比べてものすごく短くなったと感じます。

本渡市は今、福岡まで飛行機で約三五分ですね。

安田●九州新幹線はまだ全線開通していませんが、今の状況でいうと、本渡市は熊本県の中で福岡にもっとも近いシティです。ここで午後四時三〇分まで執務していても、四時四五分発の飛行機に乗ると六時には中洲や天神で乾杯、ということができる。そういう時代です。翌日朝一番で帰ってくると、一〇時には市長室で執務できます。

今はパソコン一台あればどこで仕事をしてもいい、というわけですね。それを拡大すると、福岡に会社がある人でも、本渡市で仕事ができる。そういう時代が到来したときに、はたしてどこに住んで、どうしたらいい仕事ができるか、という話になってきます。私は、天草はそれに応えられる地域になっておくべきだと思うし、また、それに応えられると思っています。

青木●ぼくは月の半分は出張していますが、パソコンに図面を送らせて、チェックしています。ですから、社内の会議が減りました。

安田●たとえばアメリカに一週間視察に行くときに、以前だったら職務代理者を立てないと市長は出かけられなかったのですが、しかし今は携帯電話があるし、パソコンで指示が出せます。そういう時代の変化に一番対応が遅れているのが自治体だと思います。なぜ遅れたのかというと、やはり自治体が小さいままであったからだと思います。ですから、自治体が力を発揮できるある程度の大きさにする必要がある。昔から自治体の最小効率規模は一〇万人から三〇万人といわれていますが、少なくともそのくらいの大きさ、一〇万人程度をめどにしてまちづくりを進めていかないと、必要なところに手が届く行政ができない。それができないということは、時代に対応できなくなって、結果として住民にたいするサービス低下につながっていくわけです。少なくとも最小効率規模くらいの自治体にしておかないとだめだと思うのです。

先ほどもいいましたが、私は、天草は日本の宝島だと思っているのです。たとえば陶石の埋蔵量は世界一です。酒井田柿右衛門も、今泉今右衛門も、陶石を求めて天草まで来て、特等石を有田に持ち帰ってあの白磁をつくっている。また、美しい環境、深い歴史をもっています。「深い」という意味は、西洋とのつながり、つまり南蛮文化です。日本で最初に活版製本をしたのはこの天草なんです。宣教師たちがコレジオという学校をつくって、そこに持ち込んだグーテンベルクの印刷機で、日本で初めてイソップ物語と平家物語を印刷、製本した。これは今でも原本が大英博物館にあります。以前、大英博物館に行ったときに、それが小さなガラスのケースに入って「平家物語天草本」と書いてあるのを見たときには、鳥肌が立つような感動を

かつて天草から福岡方面まで約四時間、熊本方面まで約二時間半かかったが、二〇〇〇年、天草エアラインが就航して、福岡まで約三五分、熊本まで約二〇分で行けるようになった。現在、三九人乗りのダッシュ8が天草と福岡を一日四往復、熊本間を一日一往復している。

受けました。大分にもアルメーダ病院がありますが、天草にもコレジオでルイス・デ・アルメーダ神父が医学を伝えています。そういった歴史をたどって、たとえばファド（フラメンコやブルースに似た肌合いをもつポルトガルの民族音楽）の女王といわれたポルトガルのアマリア・ロドリゲスは、歌手生活五〇周年のコンサートを日本でやるときに、東京、大阪、そして天草でやったんです。それくらい、向こうの人たちにとっても天草は自分たちの先祖が力を尽くしたところだという意識をもっている。天草にはそれだけの歴史が残っています。もちろん、隠れキリシタンという歴史もあるわけですけれど、その前に花開いた南蛮文化、医学、音楽、印刷の技術、そういうものがたくさん日本の宝として残っている。青木さんがおっしゃたように、それを織物のように織っていけば、私はどこにもない地域特性が生まれてくるだろうと思っています。それは、合併によって天草が一つの島になったときに生まれてくる。一つの「島」になって考えないとだめなのです。たとえば私が本渡市の市長としてそういうことを考えても、行政の運営は税金でやる話ですから、なかなか市の行政のエリアからはみ出すことができません。夢は描けても、それを現実につくりあげていくときには壁があるのです。多くの夢を実現していくためには、どうしても行政の枠を広くしないとだめなのです。天草の場合、「島」に還らないと発揮できないだろうと思っています。私は、天草は合併によって日本のどこにもないような居住空間が実現できると考えています。

青木●蒲江には残念ながら天草のような文化的な深度がないんです。たとえば、お神楽にしても、どこかのお神楽をそれぞれの集落にもってくるというように、伝統をつくってきたのです。天草はどこかロマンチックな響きがありますね。

安田●牛深市には「ハイヤ踊り」がありますが、徳島の阿波踊り、江差追分、佐渡おけさも、どうも元をたどればあのリズムの源流は牛深のハイヤなんです。北前船が回ったところに牛深

天草ハイヤ（道中総踊り）

の文化をもっていった。昔はそういうエネルギーがこの島に詰まっていたんですね。天草四郎の一揆にしても、島だったからあのエネルギーが生まれたのだろうと思います。島というのは外に向かっていくエネルギーをもっていますね。それを分散させてはいけないと思うんです。でも今は、一五の自治体に分かれることによってエネルギーを一五分の一に分散させている。それをもう一度一つにすることができたら、天草にものすごいパワーが生まれるだろうと思います。ですから、今回合併がうまく進まなかったことは残念でしかたがないのですが、私は最後まであきらめないでやろうと思っています。

上：佐伯から蒲江に入る道、畑野浦峠から畑野浦の集落と海を見る。　右頁：山が海に迫る海岸線

蒲江町散歩

入り組んだ岬角の向こうの遠い空から必ずやってくる夜は、
山をつたいながら空から海にそっと入ってくる。

（小野正嗣『水に埋もれる墓』より）

水平線は、私の視界の両端に引っ張り込まれるようにして、かろうじて見て取れるほどのゆるやかなカーブを描いていた。

上：元猿海岸。左手に白いマリンカルチャーセンターが見える。　下：養殖筏
左頁上：入津湾風景。畑野浦より竹野浦河内を見る。　左頁下：名護屋湾

蒲江浦の入り江風景。
上：魚市場。　下：早朝、海際でくつろぐ人たち。
左頁上：蒲江町役場。　左頁下：入り江に面して役場、銀行、病院、商店などさまざまな建物が建つ。もう少し美しければ東洋のベネチア？

朝の漁に出かける、あるいは夜の漁から戻ってくる漁船の
空の底を抜くようなディーゼルエンジンの音が
その空気越しに届いてくる。

カヅコ婆は、庭のバラスを踏みならす音につづいて玄関の方から聞こえてくる、こんにちは、という声に戸惑いもしたのだ。「浦」の人間なら必ず台所の勝手口から家に入ってくるからだ。

上：西野浦の集落。海岸の石を積んで畑と道を分ける。浦の集落の典型的な風景
下：整備された道路沿いに赤いカンナの花が咲く

上・右頁下：海際でよく見る屋根と壁だけの小屋は、いわば小さな造船所
右頁上：船以外のさまざまな漁具も浦の風景の一つ
下：竹野浦河内の天満社

朝のまだ日が完全に明けきらない薄暗い時間帯の
寺の前の道と墓地のあいだの通路が
「浦」で一番人の行き来があるんじゃないですかね。

どうやら、入り組んだ海岸線沿いに点在する集落は
どんな小さなものであれ「浦」と呼ばれているようだった。

上：入津湾に面した竹野浦河内の集落。海岸線に迫る山の向こうが、佐伯につながる畑野浦峠。　下：整備された道路が海岸線を走り、浦々をつないでいる
左頁：竹野浦河内の海岸線。かつては真珠養殖、今は魚の養殖が盛んだ

大分県蒲江町

蒲江町は大分県の最南端に位置し、宮崎県の北端と接している。県庁所在地の大分市から直線距離で六〇km、広域生活圏の中心である佐伯市からは路線距離で約二五kmのところにある。地形的には東北から西南に向かって斜めに約二〇km、東西に約五〇kmの細長い形をしている。面積九一・八一㎢、人口九五一二人（平成一四年一一月一日現在）。全面積の八六％が山林・原野で、平坦部は一四％、そのうち農用地はわずか一・六七％である。

日豊海岸国定公園の一部を成す海岸線は、南北八五kmにわたる典型的なリアス式海岸。その間にある一二の入り江は天然の良港で魚類養殖などの水産業が盛んだ。黒潮の分流が豊後水道に流れ込むため気候は温暖湿潤で、平均気温約一七度。夏は海洋性気候で、昼間は海風が夜は山風が吹き降りて涼しい。また冬は、町を取り囲む標高五〇〇mの山脈が季節風をさえぎり、黒潮の影響で無霜地帯があるほど暖かい。四季折々、旬の味が豊富で、春はフジ、ツツジ、夏にはハマユウ、秋から初冬にかけてはノジギク、ツワブキの花々が咲き乱れる。

明治の大合併、昭和の大合併を経てきた蒲江町は、平成一七年三月、平成の大合併により佐伯市となる。

＊「蒲江町散歩」で引用した『水に埋もれる墓』の作者・小野正嗣は蒲江町出身。同じく蒲江町出身の建築家・青木茂のいとこちがい（従兄弟の子ども）にあたる。専門はフランス語圏カリブ海地域の文学で、現在オルレアン在住。『水に埋もれる墓』は、湾に面した小さな集落に住む「カヅコ婆」を通して土地の歴史や人間模様が浮かび上がってくる小説で、第一二回朝日文学新人賞を受賞した。

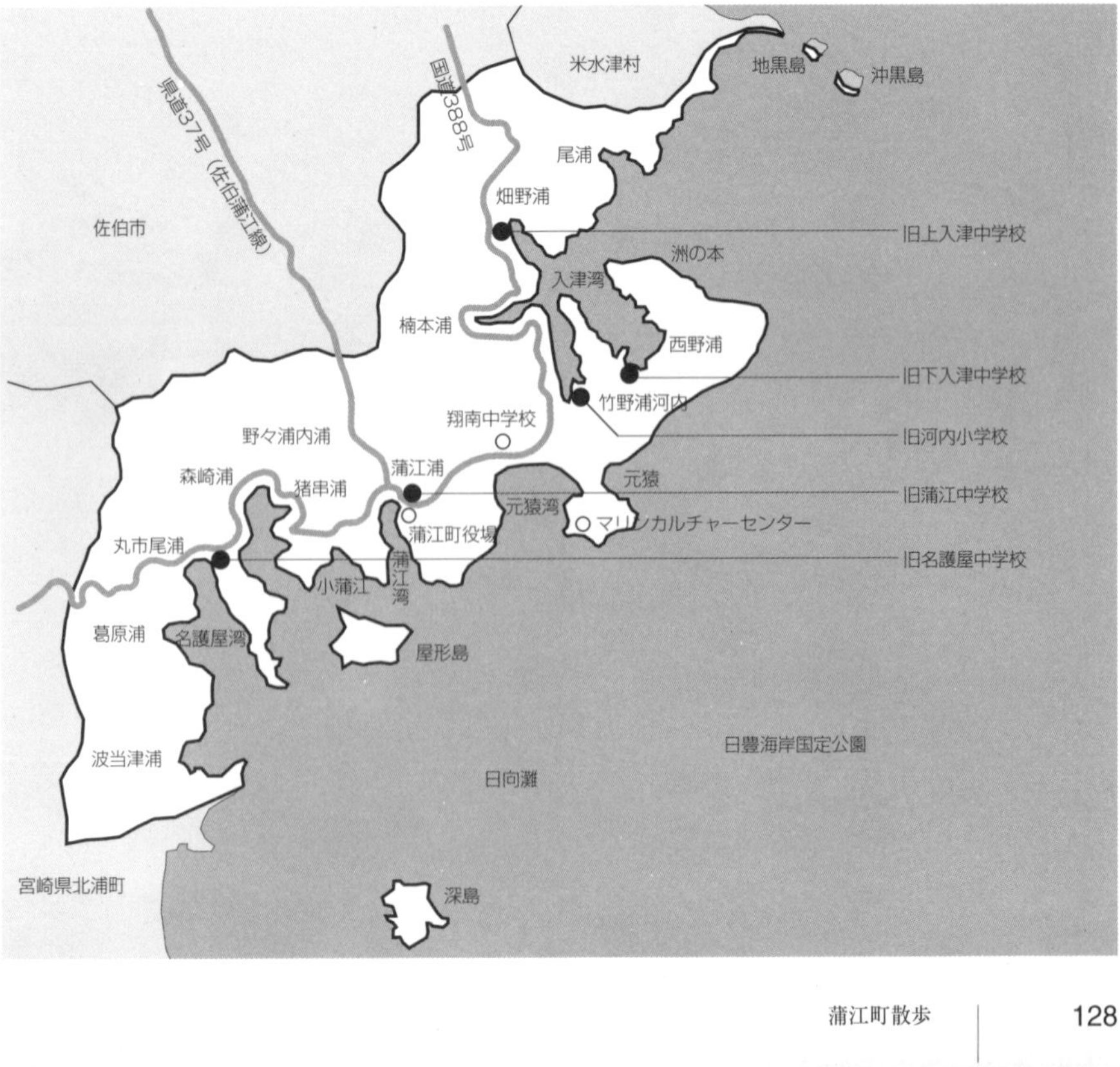

PART 2 蒲江町ワークショップ

場所の力

公開シンポジウム「蒲江の明日を開く」基調講演

鈴木博之……………建築史家・東京大学教授

蒲江町で開催された一週間にわたるワークショップの一つのテーマは市町村合併による学校施設の統廃合問題でした。それを、まちに出ていって調べたり、ディスカッションしたり、プロジェクトをまとめるなかで考えていったことを、感慨深く思っています。といいますのは、私自身、三〇数年前に高山建築学校というワークショップのはしりに数年間にわたり参加したことがあります。これは今回のワークショップと似ていて、学生たちが集まり、建築的なテーマを考えてひと夏かけてプロジェクトをまとめました。毎年、会場になる場所を見つけるのが難しく、廃校を見つけてはそこを借りて一夏過ごしました。その頃はみんな木造の校舎で、教室を製図室や講義室にしたり、あるいは別の教室を休み部屋にしましたが、廃校は二、三年も経つと壊されてしまいます。そのワークショップは飛弾・高山の近くで始めたので高山建築学校と名づけられたのですが、しだいに会場がなくなって、秋田や山形、最終的には高山の近く

「公」の力と「民」の力

の須郷に場所を見つけて、数年ごとに廃校をジプシーのように動き回るという経験をしました。

その当時、廃校は数年経つと、とくにめどがなくても壊されてしまったような気がします。それに比べて、今回のように廃校をどのようなかたちで生かしていくかがワークショップの魅力的なテーマになるということは、高山学校から三〇年が経ち、時代は無駄に過ぎたわけではないなという感じがします。むろん、この中からすぐに何かが生まれてくるというものではありませんが、おそらくまた三〇年くらい経って、かつて蒲江でこういうワークショップがあった、と語る人たちがあちこちに出てくるのではないかと思います。

高山建築学校のことをもう少し話しますと、私自身は今回のワークショップのファシリテーターのような立場で参加しました。そのとき私は二〇代半ばで、そこで知り合った人たちは今でも無二の親友で、いろんな意味で互いに刺激を与え合う仲間です。ワークショップの面白さや素晴らしさは、一つの場所を発見するということ、それと同時に、そこでいろいろな人とのつながりができることです。そしてそのつながりは思う以上に長続きし、それがさらにいろいろなかたちで広がっていきます。今回のようなワークショップは、目先の報告書がどれだけ充実するかだけではなく、二〇年、三〇年後にさらに広がっていくものをもっているのです。このような機会をつくってくださった蒲江町の人々にたいして、私は心から敬意を表するしだいです。

そこで私が思うのは、行政としての「町」というものは、「まち」にとってたいへん重要な存在であるということです。現在、いろいろなかたちで、まちおこしや都市の再生がいわれていますが、ともするとまちを活性化、再生し、新しく活用していくのは民間の力だとして、ボランティアやＮＰＯのような「民」あるいはプライベートな側に求められる部分が多すぎるのではないかという気がしています。今回のように町が率先してワークショップをサポートしていく、場を提供していくということが、むしろこれから重要になるのではないだろうか。広い意味でのパブリックな部分、「公」的な力を自覚し、見直していくべきだと思います。

「パブリック」というと、国、県、市町村などが考えられますが、それ以外にもさまざまな団体があります。このシンポジウムは九州電力がサポートしていますが、そうした事業体はやはりパブリックな存在ですし、農協や漁協といった組織もパブリックな存在です。公立私立を問わず学校もやはりパブリックな性格をもっています。私は、あるまちや場所について考えるときに、民間の力を何でもかんでも導入するというより、パブリックセクターが連合して、それぞれの組織が横につながれば、それだけでもずいぶん大きな可能性を開くことができるのではないかと思います。町と県、国の施設はある意味では次元が違うかもしれないけれども、しかし、すべて「公」的な存在です。大きな企業もやはり公的な性格をもっています。それぞれが分担できることをうまく分担し合うことによって、場所の力はたいへん大きくなっていくのではないかと思います。

それにたいして「プライベート」な部分、まちづくりで民間活力の導入というときの「民間」とは何かがよくわかりません。いわゆる実業としての「企業」と「資本」とは別のものではないかと思うのです。「資本」とはつまりお金であり、お金には「顔」がありません。お金を導入することでまちに活力が出ると思うのは、どこか間違っているのではないか。つまり、資本だけが入ってくるような企業の進出、資本だけが投下されるような開発は、よほど注意してかからなければなりません。「資本」は、資本を増やし、資本として持って帰るだけなのではないか。私は、「顔」のある実業、企業がまちづくりに参加するというかたちでないと、プライベートセクターのまちづくり参入は楽観視できないと思います。

つい最近、北海道の小樽へ行って印象的だったのですが、まちのはずれに小樽のまちの全商

鈴木博之（すずき ひろゆき）一九四五年東京生まれ。一九六八年東京大学工学部建築学科卒業。一九七四年東京大学工学系大学院博士課程満期退学。一九七四年東京大学工学部専任講師。一九七四～七五年ロンドン大学コートゥールド美術史研究所留学。一九七八年東京大学助教授。一九九〇年より東京大学教授。

店街を合わせたほど巨大なショッピングセンターがありました。経営側も町の側も、どんな誤解をしてこんなものが成立したのだろうと疑うほど巨大な商業施設で、そのショッピングセンターの経営主体がおかしくなってからは、六割以上が閉まったままです。そういう開発を導入してしまうことの危険に、われわれは気がつかなければならないと考えています。

「コンビニ」が破壊したもの

それではパブリックセクターの責任と力をどう使うかということですが、当たり前のようですが、私は「場所」というものがもっている個性、性格について、もう一度考える必要があると思います。

「場所」がすべての原因といえるほど、よくも悪くも場所しだいということがあります。お店が流行るも流行らないも立地しだいであるように、あらゆるものは「場所」を前提にしています。袋小路の奥にある店が、角地であれば商売繁盛なのにと悔やんでもしようがなくて、その「場所」をどう生かすのかを考える必要があるのです。

都市というのは結局「場所」の問題です。自分たちのまちは角地なのか、路地の奥なのか、あるいは高台なのか谷底のまちなのか、それを見極めることが肝心です。谷底のまちが高台のまちと思い込んでもしかたがないし、角地のまちが平野のまちだと思いこんでもしかたがありません。自分たちのまちがどういう場所なのかを知るところから、すべてを考えていかなければならないと思うのです。

今日、午前中に行われたワークショップの発表でも、まちを歩き回る、見て回る、聞いて回る中でいろいろなアイディアが出てきていました。自分で「場所」を味わうことがなければ何も出てこないでしょう。もちろん、蒲江で生まれ育ってきた方から見れば、一週間で何がわかるのかという思いもあるでしょう。いかにも一週間だけの観察だなぁ、と思われた部分も多々あるかもしれません。けれども、何十年も住んでいる方々から見て、一週間だけの観察にたいしてどんな修正が加えられるのかを考えてみていただきたいのです。そうすることによって、一週間の目と数十年の目がうまく相補い合い、徐々にこのまち本来の「場所」が見えてくるのではないでしょうか。われわれは、それを見続けていかなければならないと思います。

しかし、現代社会の中で「場所」は、非常にうっとうしい条件だと考えられてきたきらいがあります。「場所」から自由になることが近代の歴史ではなかったか、とすら思えます。たとえば、自動車の出現によってわれわれは「場所」から自由になりました。かつてはある場所から別の場所へ行くのは大仕事でしたが、車という道具が「場所」を自由に離れることを可能にしてくれました。その意味でわれわれは「場所」を捨てているのかもしれません。それは「場所」が広がったのではなくて、「場所」を弱肉強食の世界に放り込んでしまったのかもしれないという気がいたします。

同じように「建築」も、場所から自由になることを考え続けてきたのが近代建築の歴史なのではないかと思います。たとえば、コンビニエンスストアというのは誰にでも一目瞭然です。日本中どころか世界中同じような看板ですから、世界中どこへ行っても利用できるというわけです。コンビニというのは基本的に言語を必要としない空間です。目の前に置いてある商品を無言で取って、無言でレジへ持っていけばいい。数字さえ読めれば、代金を払って無言で出てくることができます。コンビニは、ある意味ではいかなる文化にも属さない自由な空間であるということになるわけです。場所に縛られているという建築の不自由さから脱却し、どこでも成立する普遍的な建築にしたいと思った結晶が、コンビニエンスストアだといえるかもしれません。

　そうなると、近代化とは基本的にはコンビニエンスストアのような建築を生み出していくことであり、世の中の建築全体がコンビニエンスストアのようになるという未来図が見えてくる可能性があります。

　実際、今われわれが暮らしている世界はコンビニ化しているといっていいのではないかと思います。たとえば高速道路も、右側通行と左側通行の違いはありますが、標識も道路表示も世界中ほぼ同じです。今や空港も世界共通ですし、駅も、コーヒーショップ、オフィスビルもそうです。インターナショナルホテルはある意味ではたいへん気楽で、言葉が通じなくても、ボーイに荷物を渡せば部屋まで持っていってくれる、食事もできる、心地よく寝られる。そうしたことすべてをひっくるめて、われわれはコンビニ化した世界に暮らしているといえます。しかし、それをどんどん広げていって本当にいいのだろうかという問題が出てきます。

　コンビニもホテルもどんどん言葉がいらなくなり、それが心地いい、それが自由だと感じる部分はたしかにあります。けれども、そのことが何かを変質させているのではないか。それは、大きくいえば「文化」ではないかと思います。コンビニが文化を破壊しているとはいいませんが、大きな文化の変化が起きている。私たちはそのことの意味を考えていく必要があるように思います。

　ヴィクトル・ユゴーという、フランスの一九世紀の小説家が、近代が始まる直前に『ノートルダム・ド・パリ』という小説を書きました。その小説の中に「あれがこれを滅ぼす」という章があって、その言葉は今でもときどき引用されます。「あれ」というのは本のことです。では、「これ」とは何か。

『ノートルダム・ド・パリ』は『ノートルダムのせむし男』という邦訳があるように、パリのノートルダム大聖堂を描いた小説です。大聖堂には、さまざまな彫刻が彫ってあり、ステンドグラスや細工が施されています。それがキリスト教や、ヨーロッパの文化をちりばめた百科事典のようなものになっていて、建物を通じて文化が伝えられ、蓄えられ、延々と築きあげられてきました。ところが一九世紀頃から本格的に活字文化、今の言葉でいえばメディアの世界が広がり、あらゆる知識はメディアを通じて語られ、伝えられ、蓄えられるようになりました。ユゴーは、本＝「あれ」が、それまでの文化の容器である建築＝「これ」を滅ぼすということを書いたわけです。

実際、ユゴーが「あれがこれを滅ぼす」といったことは当たっていたのかもしれません。近代になって建築は大きな変質を遂げ、そうした過程の延長上にコンビニ化した建築、非常に普遍的な建築の世界があり、だんだん言葉がいらなくなっていく。つまり「あれがこれを滅ぼし」たわけです。ユゴーがいった「あれ」とは本のことでしたが、本は言葉で書かれていたわけで、その言葉自体が、今、いらなくなってきているわけです。そうなるとわれわれは、いったいどういう世界に住むことになるのでしょうか。言葉があるからこそ、われわれは相手を誤解することもあるし、衝突することもある。けれども言葉がなくなってしまうと、人と人の関係は物理的な接触しかなくなってしまいます。現にわれわれの世界は、人と人が無言で物理的に接触する世界に近づいてきているのではないか、という気がしてなりません。

それがコンビニエンスストアのせいだとまではいいませんが、われわれが普遍的だと考えていたものが、われわれの生活を大きく変貌させ、そしてそれは、非常に深いところまで浸透し続けているのではないかという気がします。

ヴィクトル・ユゴーがいったように、今も「あれがこれを滅ぼしている」のか。二一世紀の初めにおける「あれ」とは何で、「これ」とは何か。その本質について、もう少し考えておくべきではないかと思います。

二一世紀の「あれ」とは何か？

では、二〇世紀から二一世紀になって、何が変わったのでしょうか。

一般的にいいますと、二〇世紀は機械化され、工業化された近代社会であり、そして二一世紀は情報化の時代だといわれております。この「情報化」が「あれ」だとすると、情報化は何を変質させるのかを考える必要があります。

産業革命は一九世紀にすでに始まっていましたが、その時代に生きていた人たちはそのことを理解していませんでした。ですから、一九世紀は右往左往した歴史をたどっています。建築でいうと一九世紀は様式建築の盛んな時代で、一九世紀様式と呼ばれる壮大な建築をつくっています。けれども、実際にはすでに産業革命が始まっていて、富がヨーロッパの中心地に蓄積され、その結果、バロック的な壮大な様式建築が生まれたわけです。それと同じように、二一世紀の人たちから見れば、二一世紀の初頭には情報化が始まっていたのに、私たちはそのことを理解していなかった、と評されるかもしれません。

どうやらわれわれが情報化の渦中にいるということは事実のようです。渦中にいながらそれ見るのは不可能に近いけれど、少なくとも情報とは何かということをここで考えておきたいと思います。

それは、「場所」と関係する部分があるように思います。「情報」とは「場所」から自由なものではないか。場所をもたない、場所に縛られない、それが情報というものではないかと思います。

われわれは今、北京で今日どんな会議が行われているのか、中東で何が起きているか、ほぼ同時に知ることができます。その意味では世界中、ほとんど時差がなくなったわけです。以前ですと放送局のアンテナから遠いとテレビが見えないなどということがありましたが、今は砂漠の真ん中でも、あるいは谷間でも山の上でも、ほぼ同じように情報が手に入る。つまり、情報は場所を選ばないし、場所に縛られない。それはわれわれにとって大きなメリットになるわけです。これまではピラミッド型のシステムになっていて、おおもとの主要な幹線が近代化されて、それが枝分かれしていって最後に葉っぱが近代化される、という手順を踏まなければならなかったわけです。しかし、情報化の時代は、ある意味でそれが一挙に平等になる。今までのような順番、あるいは堅い構造がいらなくなりました。砂漠の真ん中でも、山の上でも情報の最先端になることができます。「あれ」が「これ」を滅ぼすとは、「情報」が「場所」を滅ぼす、場所を無意味にすることだといえます。われわれは最終的に場所から自由になり、いわゆる場所の不利から自由になった。すると、場所の特性、たとえば路地の奥なのか角地なのかといった場所の有利、不利はなくなったのか、はたして全員平等になったのか、という問題が出てきます。

ここからは人生観の問題で、そうだと思う人と、そうかなと思う人がいると思います。場所の不利が解消され、無限の可能性が開けた時代だと考えることも可能だし、本当にそうだろうかという言い方もあり得ます。というのは、人間には肉体があるからです。われわれは単に、情報を頭の中でキャッチして、判断し、操作して送り出しているかというと、実際にはそうではありません。われわれは具体的に動くし、具体的に考える、具体的な存在であるわけです。一方で情報がどんどん場所を無力化し無意味化していく中で、われわれ自身は基本的には「場所」として存在しているのではないか。そして、「場所」の意味は今まで以上に、むしろ強くなるのではないか。情報化の時代に、われわれが具体的によりどころにできるのは、「場所」しかなくなるのではないか。「場所」を大事にしないと、われわれのバランスが崩れてしまうのではないか。

だからこそ、情報化の時代になればなるほど、われわれは具体的に暮らしている「場所」の意味を考え直さなければならないと思うわけです。

情報化時代こそ、「場所」が重要

その意味で私がつくづく面白いと思うのは、おそらくみなさんは何かを調べようとするとき、インターネットをチャカチャカやって知識を得ていると思います。インターネットの中で情報がある場所を「サイト」と呼びます。たとえばこのワークショップの「サイト」を見て、われわれは情報を手に入れているわけです。この「サイト」という言葉ですが、建築関係でいいますと現場のことを「サイト」といいます。今日は現場へ行かなければいけない、というその現場が「サイト」というわけです。情報はパソコン上の「サイト」に載っていて、われわれはその「サイト」にアプローチして情報を得ているのです。おそらく、情報をつくる側、情報のエキスパートたちは、情報がいかに寄る辺ない身か、場所のないことの不自由さがどういうものかを知っているのではないでしょうか。情報は世界中を、大げさにいえば地球全体を瞬間に駆けめぐるけれども、情報が拠るべきものは場所しかない。つまり、「サイト」があって初めてわれわれは情報にアプローチできるわけで、そこに情報化時代の面白さがあります。情報化時代だからこそ「サイト」、場所性のもっている意味が重要になってきているのではないか。それをどうつくりあげ、生かしていくかが、むしろこれからの問題なのだろうと思います。

建築は、自動車のような工業製品とは違い、一つのモデルで何十万、何百万という数をつくるわけにはいきません。現場で一つ一つ、つくっていかなければならない、遅れた産業だといわれた時代もありました。しかし、現場でしかできない、ということが建築のもっている非常に大きな可能性ではないかと思います。

さきほど、建築は近代化の過程で、場所から自由になり普遍的になろうとしたといいましたが、純粋芸術にも同じことがいえます。といいますのは、一九世紀までの絵画や彫刻は、建築の壁画として絵が描かれたり、装飾として彫刻が施されたりしたわけです。ところが近代芸術家たちは、金持ちの建物を飾るのはいやだ、場所に縛られない自立した芸術にしたいといって、額縁に入る絵、あるいは自立した彫刻をつくるようになりました。額縁に入った絵をタブローといいますが、タブロー画の登場が近代の特徴です。額縁に入った絵はどこの壁に掛けてもいいし、あるいは別の場所に持っていってもいい。つまり、絵画や彫刻が場所から自由になったわけです。ですから、ロダンの「考える人」という彫刻は世界中で同じ格好をして考えているわけで、それは「場所」から自由になっている。また、フランスの絵画がアメリカにごっそりあるとか、イタリアの絵画がロシアにあるというようなことがいくらでもできるようになり、それが芸術の自立であるといわれた時代がありました。

けれども、最近の芸術ではサイトスペシフィックということをよくいいます。場所との交流の中で発想した作品をつくること、現場制作ということですが、サイトスペシフィックなもののつくり方に純粋芸術の人たちも新しい可能性を見ています。これはおそらく、近代から現代に変わっていくなかで、近代化と情報化の違いを芸術家たちが本能的に感じ取っているからではないかと思います。「場所」がもっているある意味での制限、不自由さの中から、これからの表現が生まれてくると彼らは悟ったのではないでしょうか。

出窓が印象的なイギリス・イプスウィッチの町並み

われわれが暮らすまちについて考えるときにも、やはり「場所」の可能性、本質をどう見るかが大事なのではないでしょうか。たとえば、わがまちをパリのようにしようというような、ある意味で場所をすり替えていくような発想にはおそらく可能性はありません。場所のもっている特殊性、あるいは場所のもっている限界を見極めることが、新たな出発点になるはずだと思うのです。

文化複合性へ

いくつか、サイトスペシフィックの例を紹介したいと思います。イギリスの東部にあるイプスウィッチという古い歴史をもったまちは、出窓のある建物が土地の建築様式として知られています。こういう出窓をイギリスではイプスウィッチ・オリエルといいます。オリエルというのは出窓という意味です。出窓は日照が少ないところで、なるべく日光を取り入れるためにつくられることが多いのですが、ガラス面が多く、いってみれば当時としてはハイテクな建築のつくり方でした。それが中世末に発明されてまちの特徴になり、今でもノーリッジのまちには風情のある町並みが残っています。

このまちに、一九七〇年代にイギリスのサー・ノーマン・フォスターという建築家が設計した「ウィリス・フェイバー・アンド・ダマス」というオフィスビルがあります。当時最先端の、鏡のようなガラス張りの建物ですが、私が見たところ、この斬新な形の建築と、このまちにイプスウィッチ・オリエルという中世のハイテク窓があったことは無縁ではないという気がします。このまちが場所の力を及ぼした建物ではないかと思うのです。一九七五年に完成したこの建物は、日本でいう重要文化財のような指定を受けています。

イプスウィッチにサー・ノーマン・フォスターが設計したウィリス・フェイバー・アンド・ダマス。外壁のガラス面に町並みが映り込んでいる

もう一つは、スペインのビルバオというまちにつくられた巨大な犬です。金網で犬をつくってそこに花を埋め込んだもので、これは現代アートです。この場所でつくられ、ここで一生を終える花の彫刻で、サイトスペシフィックな考え方という意味では、この犬はいろんなことを考えさせてくれる存在です。

じつはこの犬の近くに有名なビルバオ・グッゲンハイム美術館があります。フランク・O・ゲーリーという建築家の設計で、不思議な形のチタン張りの建物ですが、これも普遍的などこにでも成立する建物とは違った方向で考えたられたものです。この美術館の展示も、ほとんどがサイトスペシフィックにつくられたもの、つまり、この建物のここにということでつくられたものであり、もっともサイトスペシフィックな美術館といえると思います。

私は情報化時代にこそ、「場所」のもっている意味を考えたいと思うのです。「場所」というのは敷地のように普遍的なものではありません。むしろ、その場所のどこが普遍的でないかを考えていくことで、その可能性が引き出されるようなものではないかと考えています。

もう一つ加えておきたいのは、二〇世紀の近代工業化時代には「機能」という言葉が重視されてきました。建築でも機能主義がいわれ、目的に合ったムダのない建築こそよいとされました。しかし、高度に機能的な建築は、じつは寿命が短く、一つの機能のためにだけでつくってしまうと、その機能に寿命が来たときにどうしようもなくなる。ですから、複合したものの強さを考えておくべきではないかと思います。

これからは文化の時代だといわれますが、文化というのは直接機能に結びつかない部分で、私はそれを高度機能性から複合文化性へというふうに考えています。機能とは直接結びつかない文化性を持った建築、そのほうが結局は長持ちするのではないか。それを成立させるのは、敷地条件というよりは場所の条件、「場所」のもっている個別性がそれを生み出すのではない

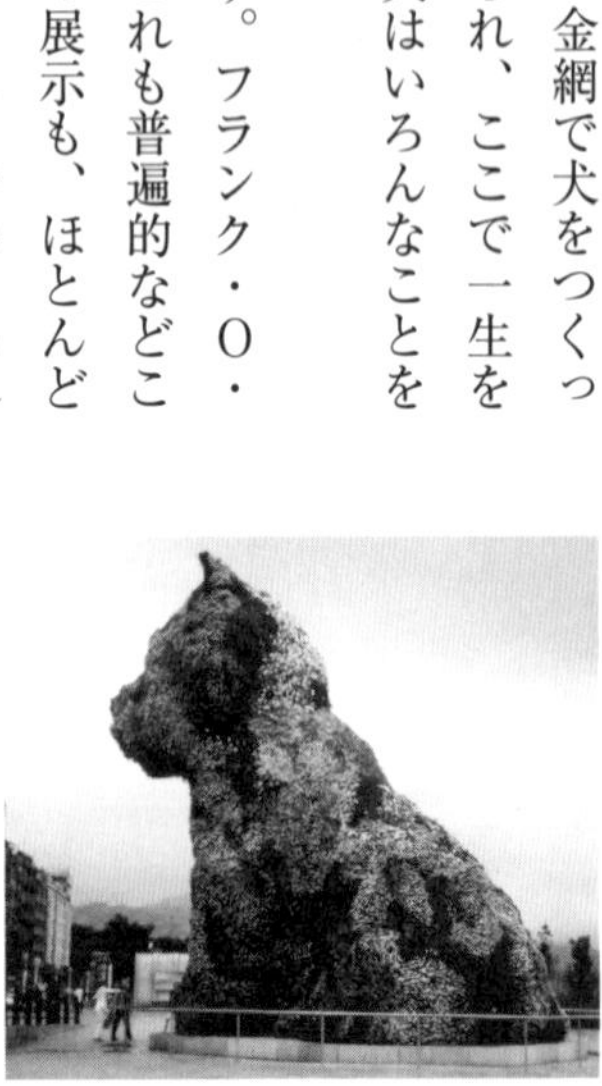

ビルバオ・グッゲンハイム美術館の正面玄関脇には、花でつくられた高さ一〇メートルの巨大な犬が番をしている。これも現代アートの一つ。（スペイン・ビルバオ）

かと思います。

蒲江町には廃校が五校あるわけですが、それぞれのもっている場所の性格とそれぞれの建物のもっている個性を学ぶ、読み取ることの中でそれぞれの新しい活動が開けるのではないかと思います。そのときに、一つの機能に特化させて、これはこの機能で使えという明快な機能性を付与するよりも、複合性を付与するということが大切なのではないか、と私は考えています。今後、このまちがどのようなかたちで変貌しながら持続していくのか、関心をもって見守り続けたいと思っています。

ワークショップがめざしたこと

「蒲江町　環境・建築・再生・ワークショップ」コミッショナー
青木 茂

蒲江町では、二〇〇二年三月に県立高校が廃校になり、それと同時に五つの中学校が統合され、この高校跡地が蒲江町立翔南中学校として生まれ変わった。残された五つの廃校をどう活用するかについて、二〇〇三年の春、この町の出身であるぼくに相談があった。そこでワークショップを提案したところ、合併の話が進んでいることもあり、急遽、数ヵ月後の夏に町が主催するかたちでワークショップを開催することになった。

現在、東京論は花盛りで、本屋に行けばその類は山ほどある。ただ、東京は一つであり、東京で通用する手法はせいぜい六大都市のみで有効であろう。一方、地方論は活発な動きを見せているとはいえない。しかし、地方はごまんとある。地方都市を拠点とするぼくにとって、地方論が盛り上がらないのは生活のうえでも、仕事のうえでもかなり困った問題であり、かつ深刻である。この話が持ち込まれたとき、地方をめぐる合併論を財政面だけではなく、都市計画上、建築計画上の問題として、もう一度議論することができるならば、何かよい手立てが見つかるのではないかと考えたのである。

都市はそれぞれの歴史を抱えている。それは地層のように積み重なり、これからもまた集積していくであろう。それに縦糸を通したら、どのようなことができるかとイメージしてみた。縦糸は空気であったり、食べ物であったり、気温であったり、雨であったり、そこに住む人々であったり、ときには地震であったり、さまざまだ。地層の横糸とその縦糸を編み合わせれば、ドットのように重なる点がグラフ化されるだろう。そこから地方都市再生の方程式を紡ぎ出すことができれば、その町の未来のプログラムが見えてくるのではないか。蒲江でのワークショップやシンポジウムは、この縦糸とドット探しになるだろう。その縦糸は、たぶん外来者によって発見されるのではないか、と考えたのである。

かつて、明治の大合併、昭和の大合併があった。もちろん、明治の合併はぼくにとっては書物の中だけの出来事だが、昭和の合併は幼い頃の記憶の片隅に残っている。それが四〇数年を経て次なる合併に備えて検証され、平成の合併へとつながなければならないだろう。だが現状ではどうもこのような議論はなされていない。

昭和の合併において、周辺に位置する都市や集落は求心力を失い、都市機能のほとんどをなくした。目下進行中の平成の合併も、都市機能について一手でも二手でも手立てを考えなければ、同じような結果になるのではないかと危惧する。さらに、周辺に位置する都市は相当な覚悟と、コミュニティのあり方、産業のあり方、環境への取り組みなどについて今以上に討議し、打つ手はすべて打っておかないと、二、三〇年後にまた合併論が起こるかもしれない。

ぼくが思うに、残された手はかなり少なく、極端にいえば一手か二手しかないかもしれない。このようなときに、時のリーダーがいかに議論し、何を考え、どう行動したかを記録することは重大な意味をもつのではないかと考えた。縦糸と横糸。住民と外来者。同じ時期、同じ空気を吸い、同じ釜の飯を食い、同じテーブルで議論することはまことに意義深いことだった。

「PART2」は、こうした趣旨で行ったワークショップ期間中に、参加者によって議論され、行動によってつかみ得たことの記録である。開催からフィナーレまで一週間と時間は限られていたが、総勢九六名が蒲江町民の中に積極的に入り込んで、精力的な討議、そして提案を行った。以下は、そのチームごとの提案、およびそこにいたる経過、またけっして広くはないが、しかし変化に富んだ浦々をもった蒲江町の紹介、参加者のひとこと、最後にワークショップを立ち上げるとき参考になるように、そのノウハウを紹介している。

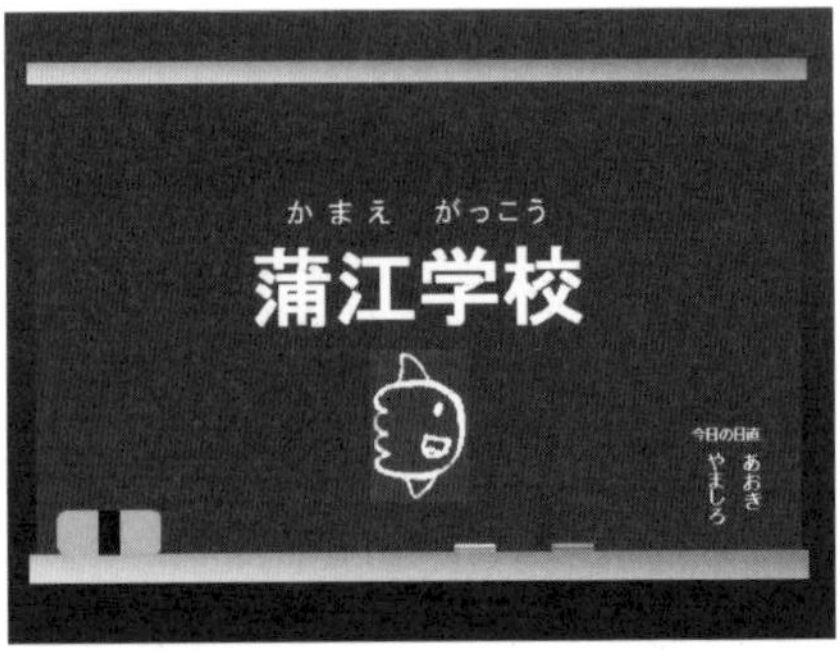
かまえ　がっこう
蒲江学校
今日の日直
あおき
やましろ

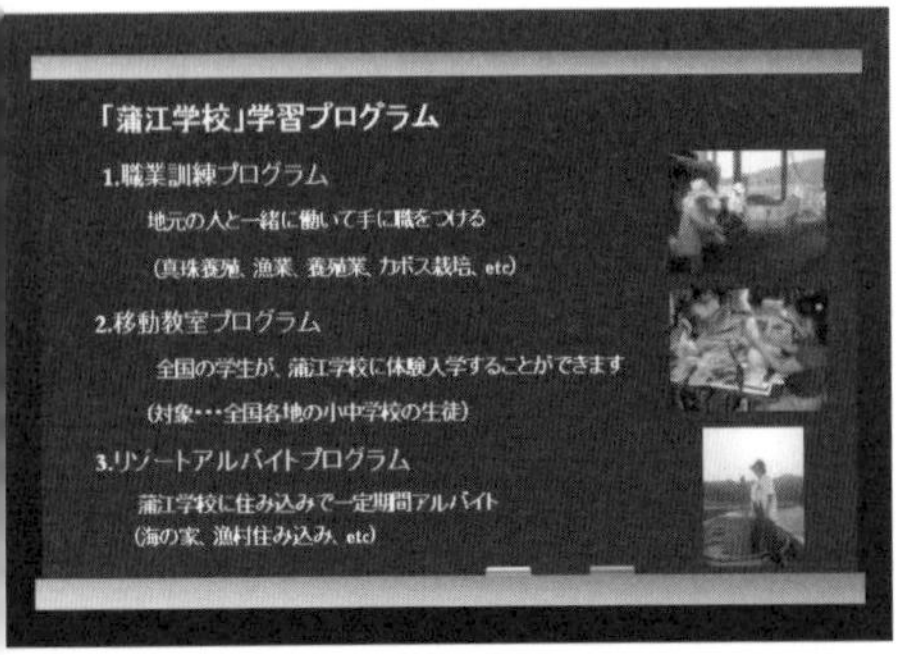
「蒲江学校」学習プログラム
1.職業訓練プログラム
地元の人と一緒に働いて手に職をつける
(真珠養殖、漁業、養殖業、カボス栽培、etc)
2.移動教室プログラム
全国の学生が、蒲江学校に体験入学することができます
(対象・・・全国各地の小中学校の生徒)
3.リゾートアルバイトプログラム
蒲江学校に住み込みで一定期間アルバイト
(海の家、漁村住み込み、etc)

蒲江の人々のあたたかさを自然に伝えたい・・・。

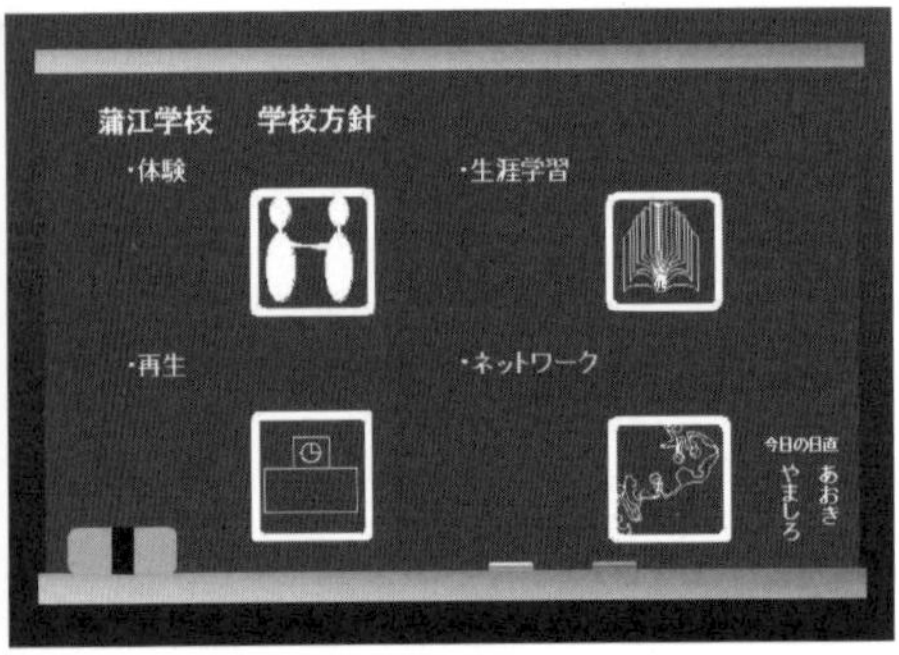
蒲江学校　学校方針
・体験
・生涯学習
・再生
・ネットワーク
今日の日直
あおき
やましろ

NPO組織「蒲江学校」設立
・2003年、TEAM山代が発案した「蒲江学校プログラム」を運営するNPO団体が設立される
今日の日直
あおき
やましろ

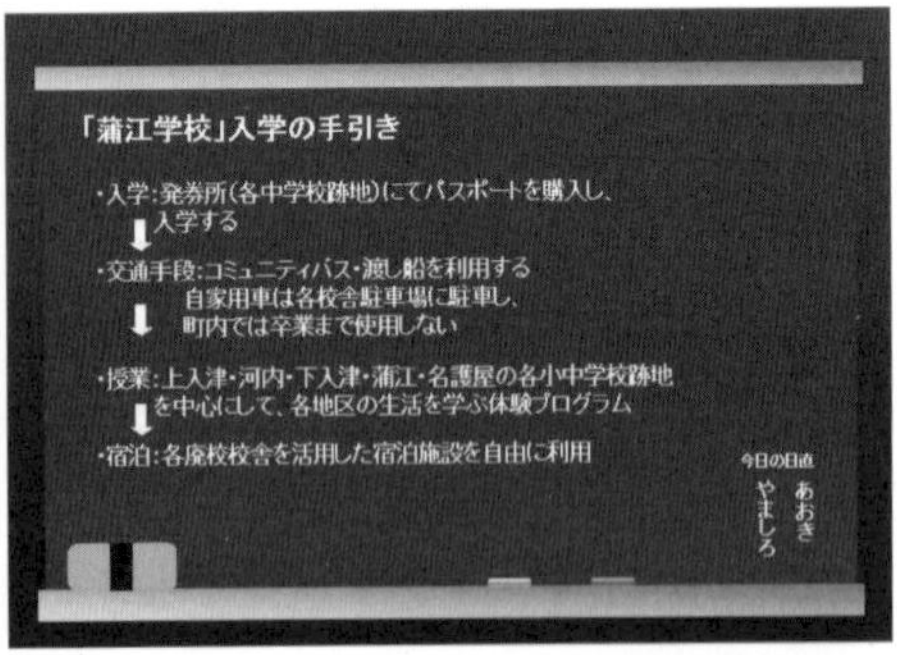
「蒲江学校」入学の手引き
・入学:発券所(各中学校跡地)にてパスポートを購入し、入学する
・交通手段:コミュニティバス・渡し船を利用する
自家用車は各校舎駐車場に駐車し、町内では卒業まで使用しない
・授業:上入津・河内・下入津・蒲江・名護屋の各小中学校跡地を中心にして、各地区の生活を学ぶ体験プログラム
・宿泊:各廃校校舎を活用した宿泊施設を自由に利用
今日の日直
あおき
やましろ

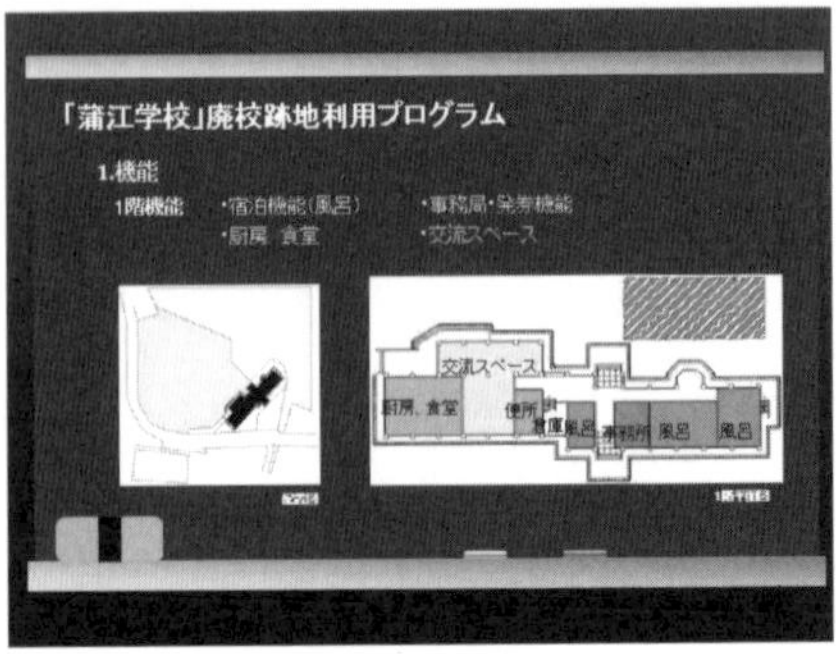
「蒲江学校」廃校跡地利用プログラム
1.機能
1階機能
・宿泊機能(風呂)
・厨房 食堂
・事務局・発券機能
・交流スペース
交流スペース
厨房、食堂
便所
風呂
風呂
風呂

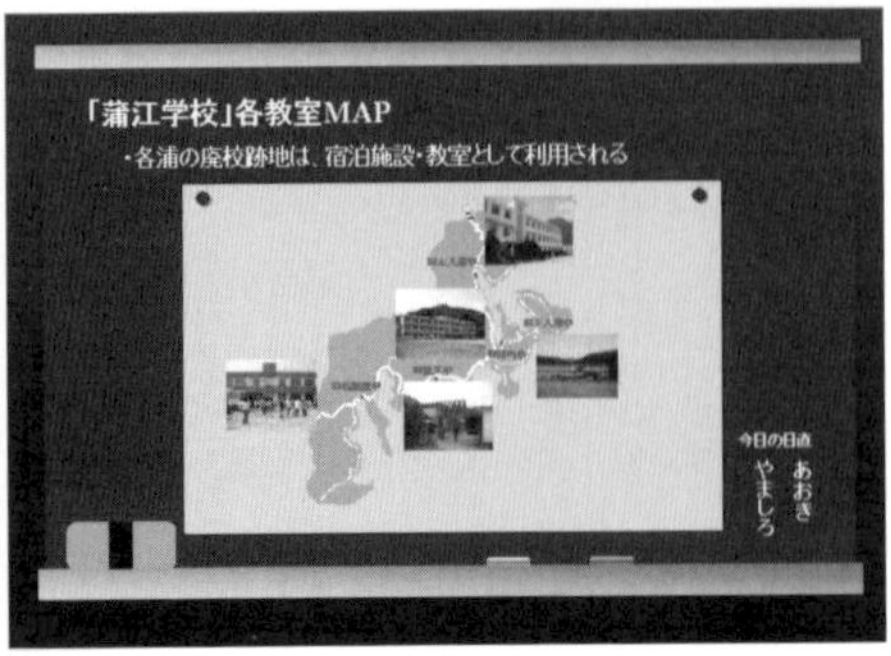
「蒲江学校」各教室MAP
・各浦の廃校跡地は、宿泊施設・教室として利用される
今日の日直
あおき
やましろ

西野浦移動教室
S=1/150

西野浦移動教室
S=1/150

ファシリテーター：山代悟
サーベイ対象：旧下入津中学校

蒲江をめいっぱい楽しむためのプログラムとはどんなものかという議論のなか、たどりついたのは「蒲江学校」というアイディア。これは一般的な学校ではなくNPO法人によって運営される自由な学校で、プログラムも多彩である。建物の利用についても、もともと学校であるので、改造等の資金も最低限で出発できる。

主な学習プログラムは、一つ目は養殖や農業などの体験学修や職業訓練。蒲江の人と一緒に楽しみながら技術を身につけようという試み。後継者の発掘・育成にも役立つ。

二つ目は移動教室プログラム。全国の児童・生徒・学生が入学や短期留学でき、スローライフを体験しながら学ぶ。

三つ目はリゾートアルバイトプログラム。蒲江学校に住み込んで海の家や漁業が忙しいときの手伝い（アルバイト）をしてもらう。その仕事の楽しさを知ってもらうことで、うまくいけば漁業等の後継者を見つけようというものだ。

既存のスポーツ設備を利用したクラブ合宿や、海外からの訪問者が語学を教えながら滞在する外国人ステイもある。

「体験」「再生」「生涯学習」「ネットワーク」の四つのキーワードが蒲江学校の方針である。各学校跡地が蒲江学校の拠点となり、入学者は各拠点でパスポートを購入して蒲江通貨のポイントを得る。生徒は会場交通を利用し、海のネットワークを復活させる。

◎全体利用に関する提案

蒲江の豊かさを利用する／コミュニティ、海、船を活用する／体験プログラムを用意する／上入津中学校跡は、周辺にスポーツ施設が充実しているので、スポーツクラブの研修・合宿施設として活用する／河内小学校跡は、伝説や信仰をテーマとした地域づくりの拠点として活用する／蒲江中学校跡は魚市場と連携した職業訓練施設として活用する

参加者：野原卓／林泰寛／木村映理子／西田和正／岡村宗一郎／赤羽千春／櫻木登／田中健／大家健史／瀬古としみ／酒井隆宏／神本豊秋／加藤まどか／野坂保道

蒲江アンコールワット
成長する遺跡

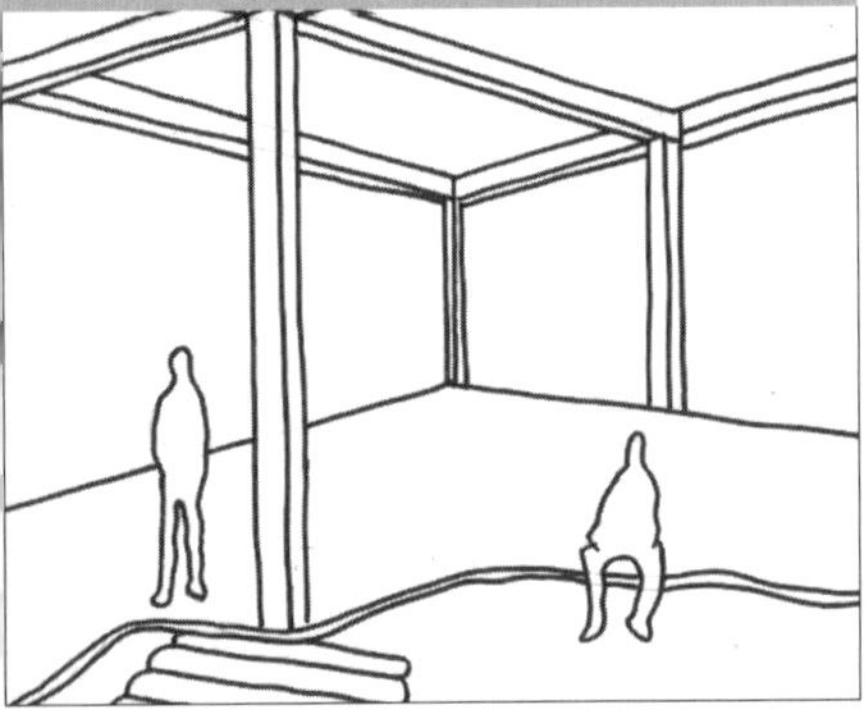

畑野浦いじり
農業学校

クリーンクリーン
浄化ガーデン・プチ博物館

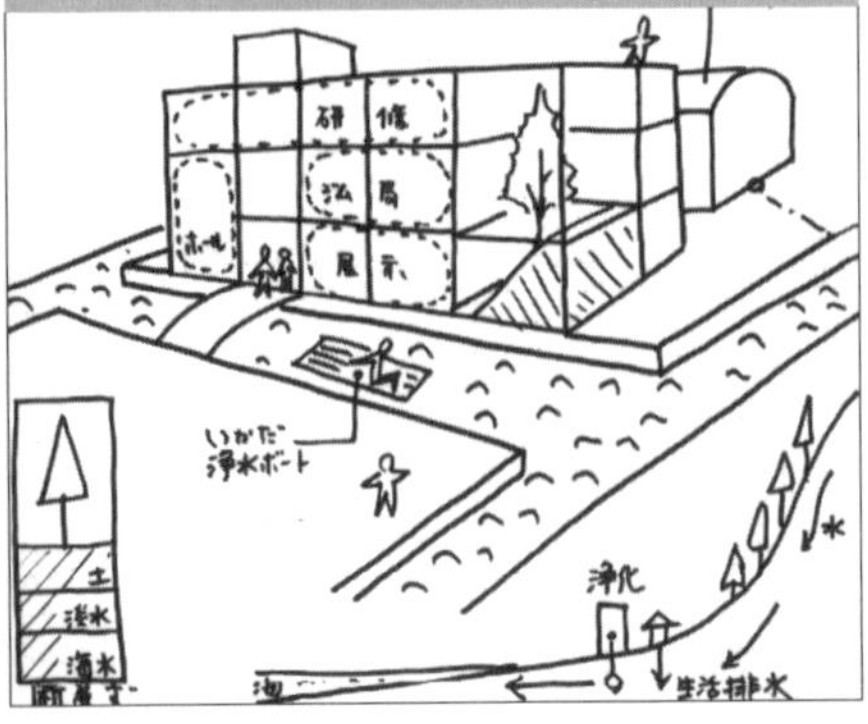

はまゆう
高齢化・ストレス社会の
疲れと渇きに…………。

カマエジカンデイコウ

櫓足 ロ・レックス

かまえにとまれ

みんなの里帰り

蒲江空中散歩

網路地

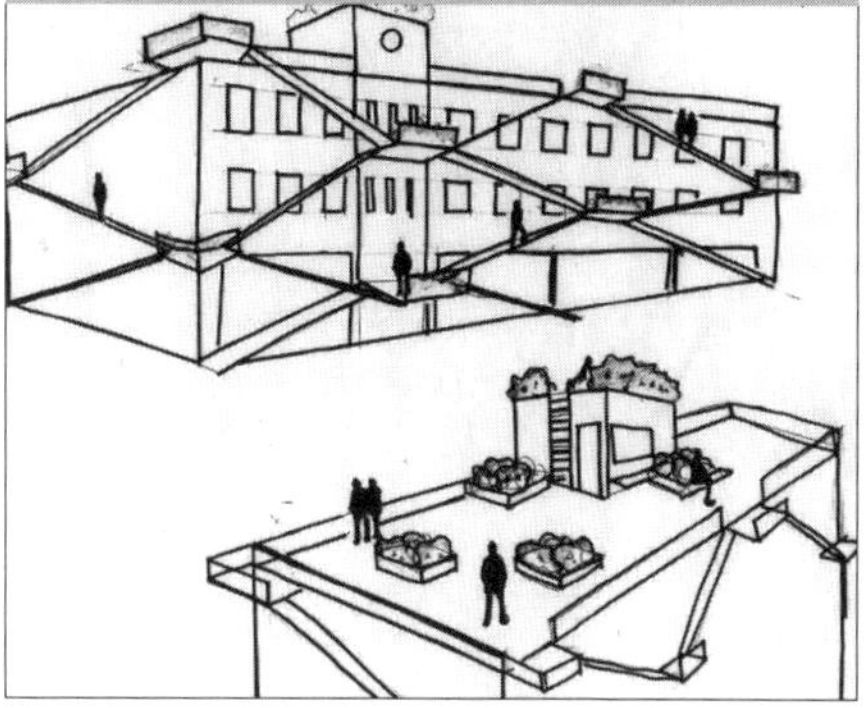

食べちょくれ！畑野浦

食いだおれビューティー

かまえの年輪
浦の記憶の箱

ひらめいた!
養殖学校

よっちゃえカマエ
カマエ・ミヤコマチ

カマエコ
エコモデル

ファシリテーター：新堀学
サーベイ対象：旧上入津中学校

日本の中の蒲江という大きな視点と、身近な視点で蒲江について考えるグループに分かれて議論を進め、「人間」「地域」「歴史」の三つのテーマについての提案にいたった。

「人間」では、合併したり高速道路が開通したりしても、この浦が活気ある場所であるように、お年寄りの憩いの場や、都会に住む人たちのための療養型滞在施設を提案。これに付随した養殖筏のビアガーデンやウエディング。「地域」では、個人の楽しみや生活からもう一歩踏み込んで、地場産業を盛り上げながら環境改善を進めるプロジェクトを提案。農園の産物をジャムにしたり、名物メニューをつくる提案もある。「歴史」は、かつての渚を復活させる試み。海と陸の境界に残る学校の躯体と復活した渚が向き合う姿から、自然と人間の関わりと浦の歴史を喚起させようというものである。

各テーマ総じて四〇にものぼるアイディアがあるが、これだけの案が出たのは蒲江の魅力の賜物の一つで、各テーマを一つ一つのアイデアの積み重ねとして最終成果とした。

参加者：横山静観／辰本健治／青山泰／鹿毛泰成／佐藤敦／黄瀬麻知子／滝本香織／佐倉浩之／三友奈々／小戸昌則／野崎俊佑／三輪祐仁／上田愛子／常陰有美

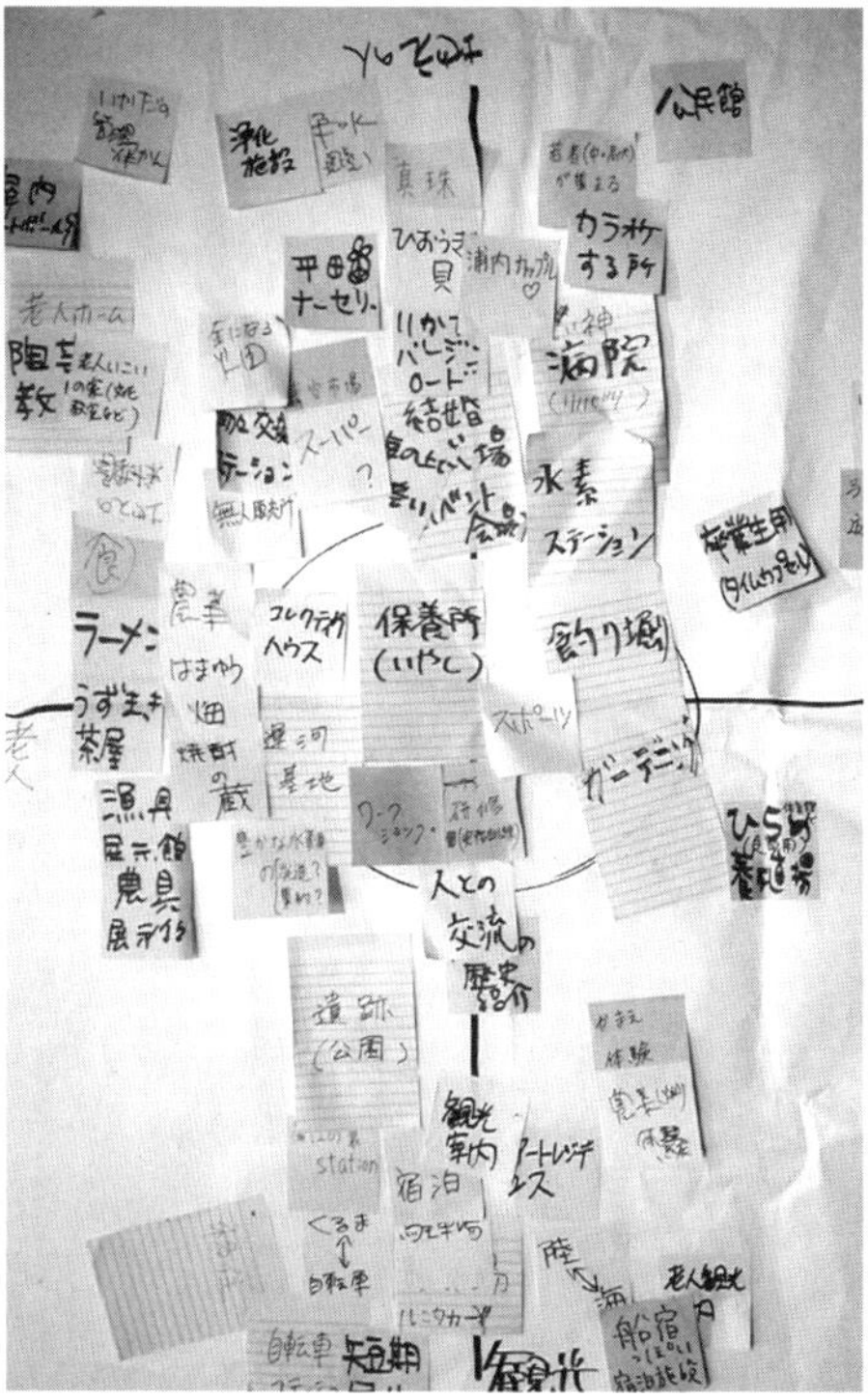

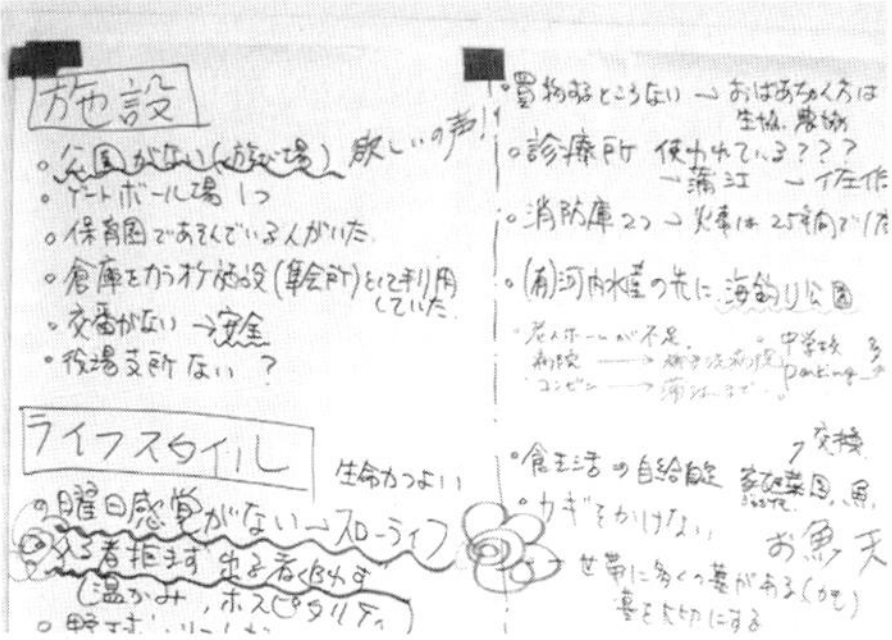

竹野浦河内は蒲江１のエコ浦を目指します。

旧河内小学校
竹野浦河内

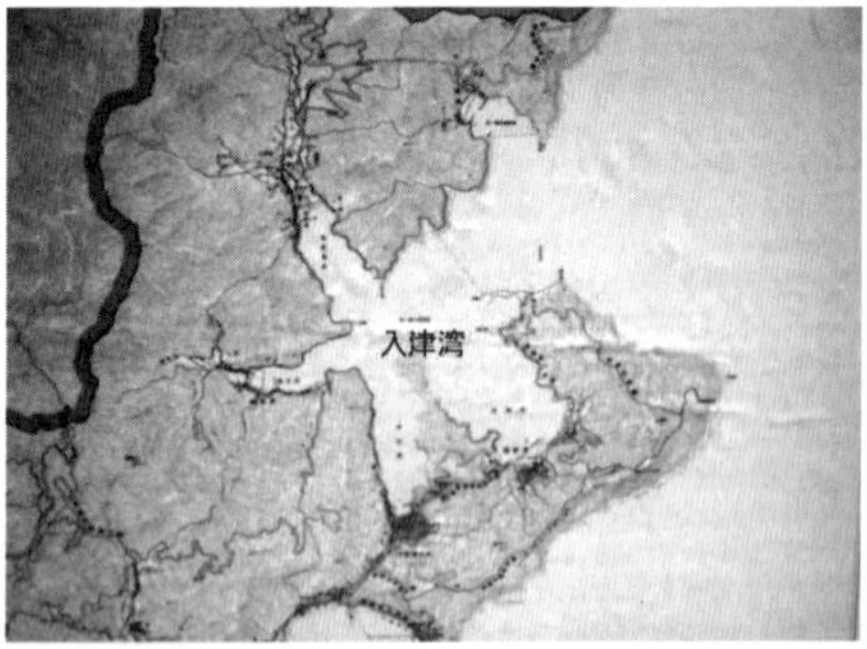
入津湾

木も植えます

もちろん、分別です

ペットボトル

新聞紙

空き缶

油まで

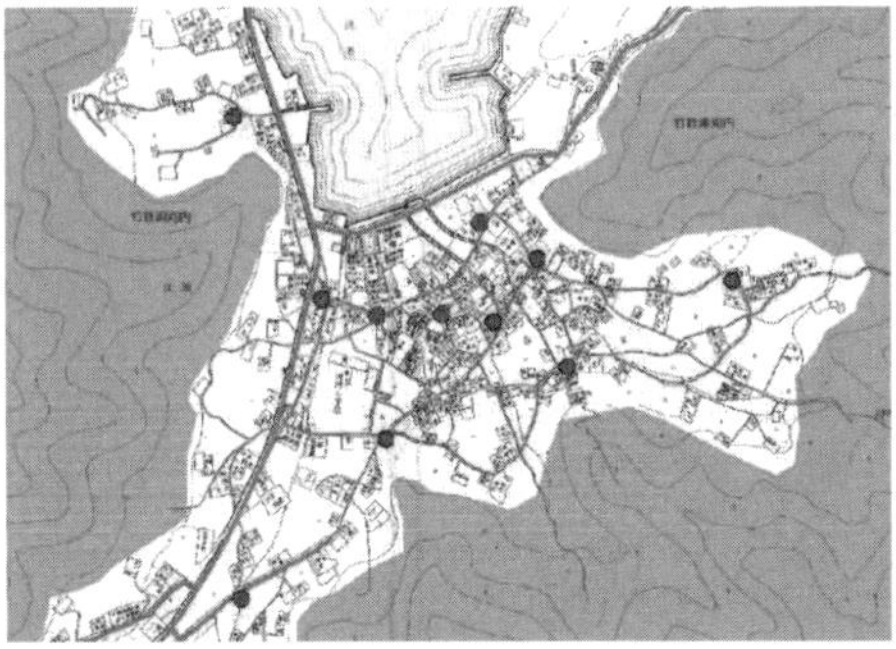

石けんをつくっちゃいます

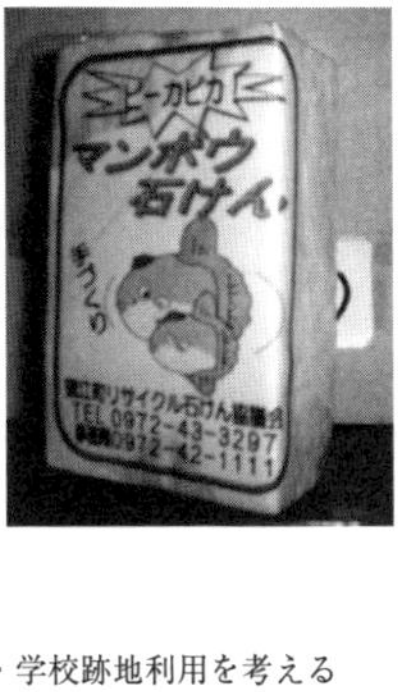

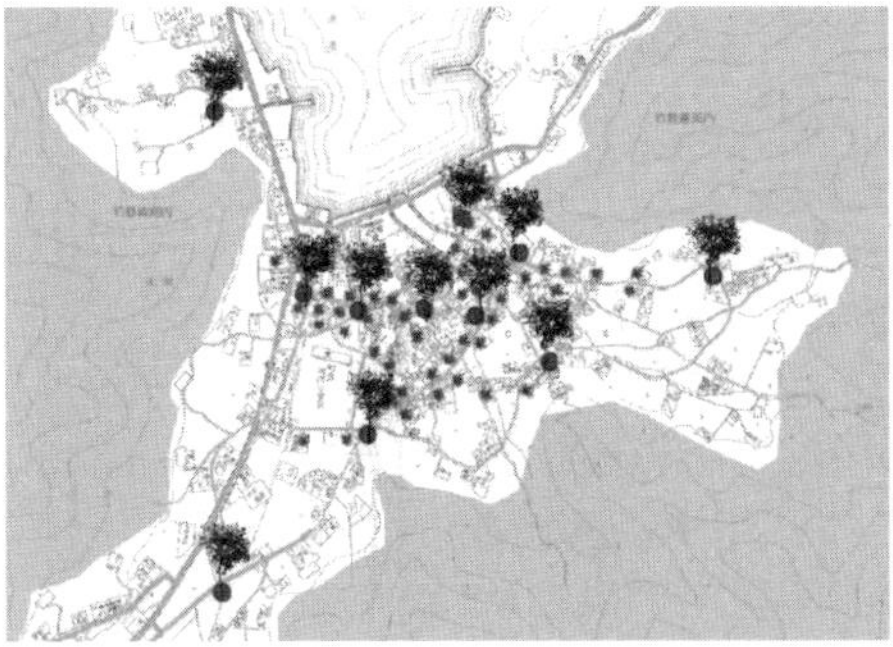

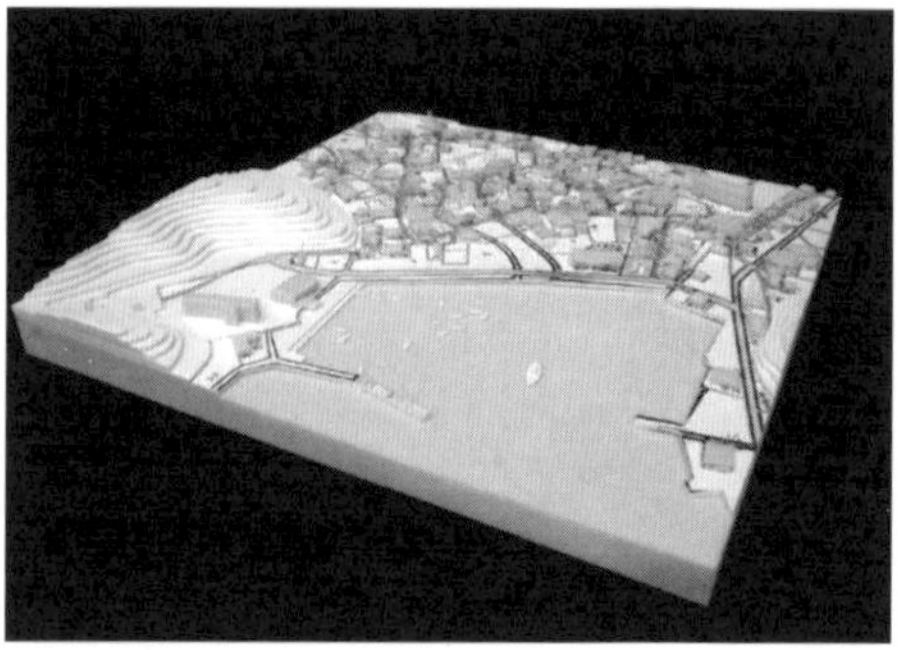

九州一きれいな海へ

ファシリテーター：赤川貴雄
サーベイ対象：旧河内小学校

フィールドサーベイにより、網目状にめぐっている散歩道を発見。丘の上の墓地から海にいたる道で、昔から河内にあって今でもよく利用されている。その散歩道のポイントに木と花を植えて憩いの場にすることをまず提案。散歩のおじいちゃん、おばあちゃんが休憩して話をする場を提供する。それをつなぐ道にも季節の花を植えることで散歩はより楽しくなりコミュニケーションも広がる。

一方で、海がきれいな「蒲江」のはずなのに、養殖で汚れてきていることに気づく。これをきれいにしていきたい。自然が豊かなところでは、逆に自然を使いすぎてしまったり、自然に頼ってしまうことがあるのでは？という意見もあった。都会では積極的に自然や景観をつくろうとしているが、蒲江でも都会と同じくらいに自然や景観づくりをしてもいいのではないか。

「蒲江一美しい海を取り戻そう！」ということで出てきたのは、海をきれいにするために、養殖で発生して海底に沈殿している汚泥を肥料に活用するアイデア。この肥料をさきほどの木や花や作物にやることで、海も浦もきれいになり、農作物もよく育つ。

そして学校跡地は環境活動のターミナル「環境コミュニティカレッジ」として提案。ここには廃油石けんや再生紙づくりに取り組むワークショップ、海の水質を研究する施設などが入る。体育館は「資源ゴミステーション」である。

提案に通底しているのは「循環」というテーマであった。散歩道という一つのきっかけから、コミュニケーションの循環、環境の循環、いろいろなつながりをつくり出していく。人を育て、木を育てていく。地域や環境をつくってはじめて、核となる学校跡地が生き、さまざまなつながりが生まれる。学校跡地を核とした浦あげての総合的な環境活動が「エコ浦プロジェクト」である。

参加者：秋吉政雄／廣瀬悦子／牧野宏史／古庄香哉／魚住剛／大倉皓平／金谷聡史／冨高健司／犬塚博紀／渡部太介／中野宣子／竹岡勝行／松村絵美

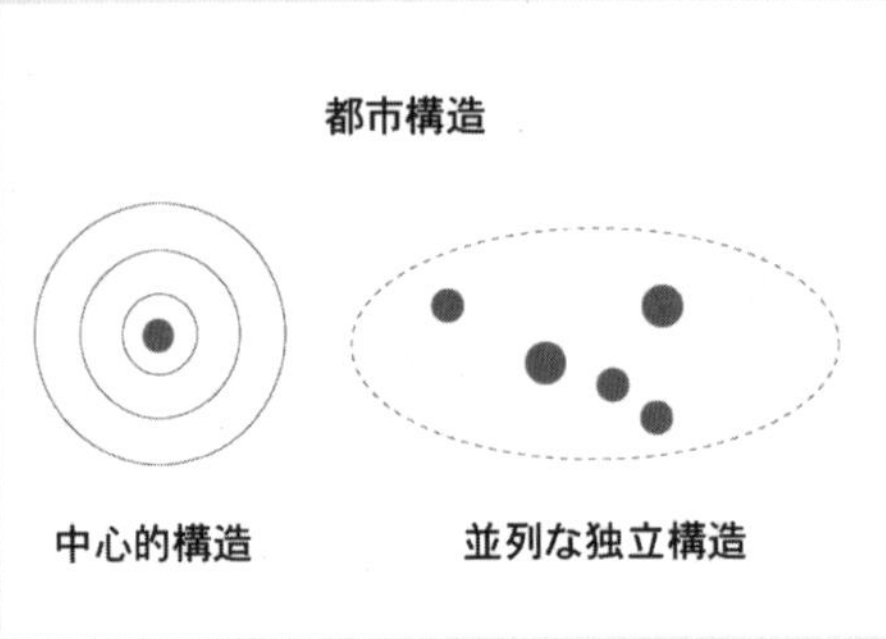

蒲江町のかたち

他の町は、中心市街地があり、
円を描くように広がっている。

↓

浦でできた蒲江町は、浦ごとの
まとまりが海岸線に並んでいる。

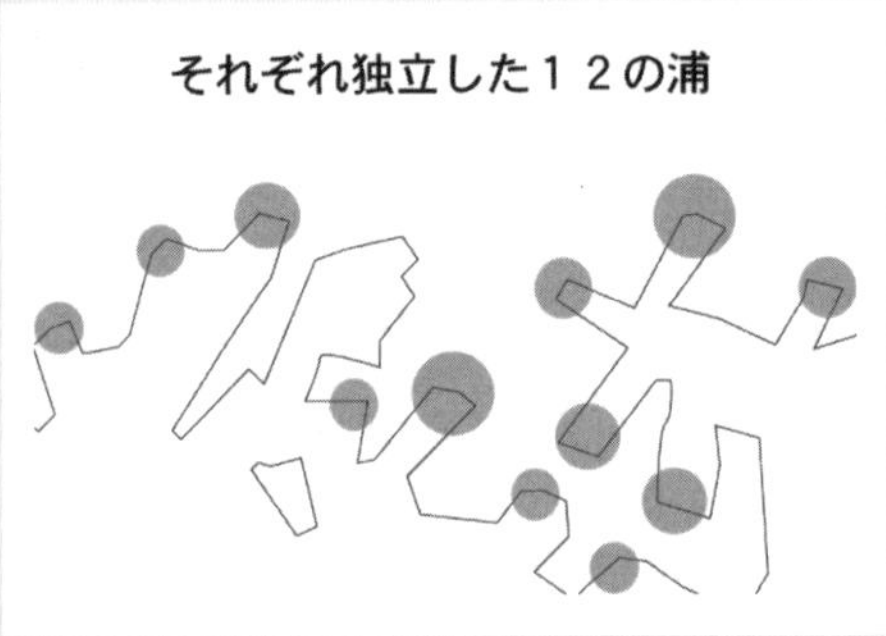

蒲江町の問題

浦と浦が山で分断され、行き来が少なく、
浦内で固有の文化が育ってきた。

↓

人口減少で、さまざまな取り組みが浦の中
だけでは成り立たなくなってきた。

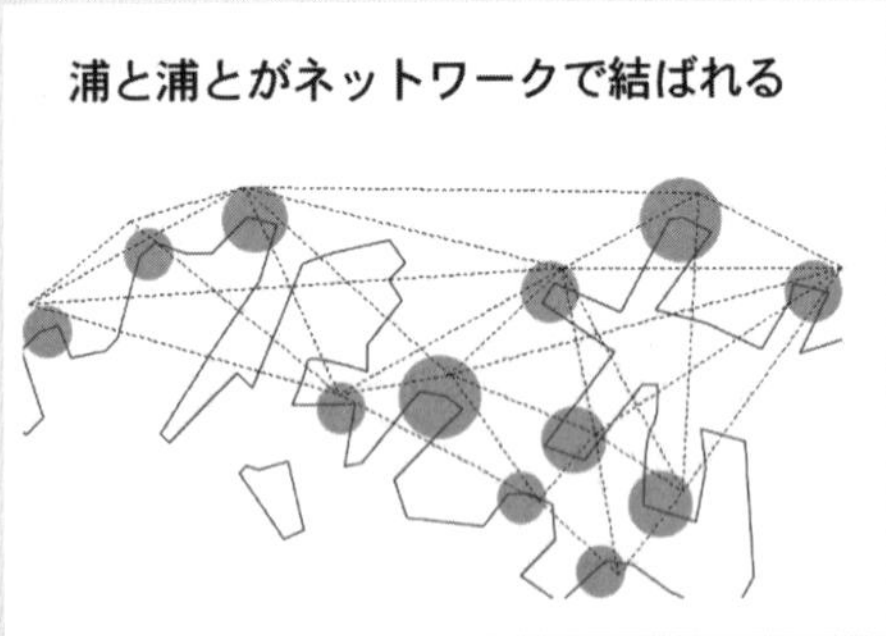

どうやって変えていこう？

ゆっくりとできることから
はじめていく。

あっちへ、こっちへ
うろうろしながらの
学校と蒲江の改造プログラム。

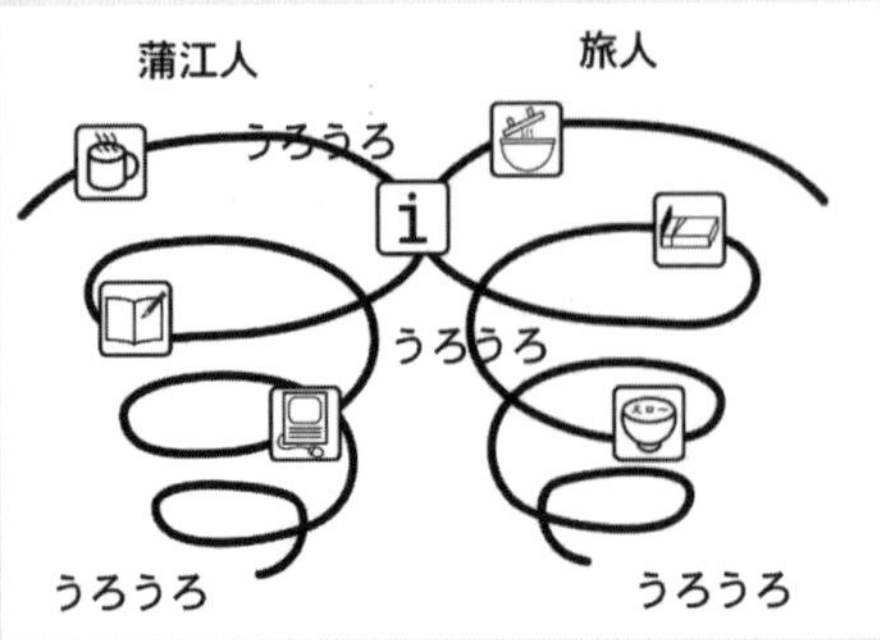

いろいろな仕組みでつないでいく

蒲江にひかれてやって来る。
旅人が町を浦々うろうろ。

蒲江にひかれて帰って来る。
蒲江人が町を浦々うろうろ。

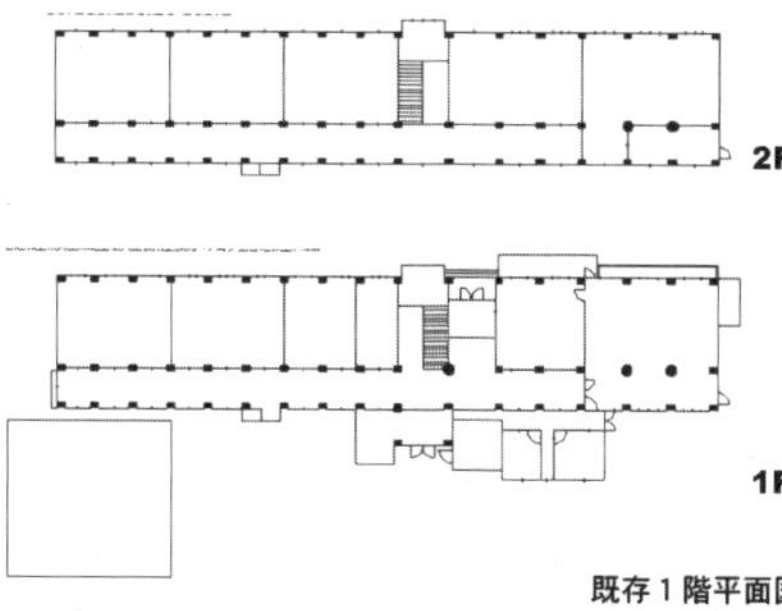

既存１階平面図

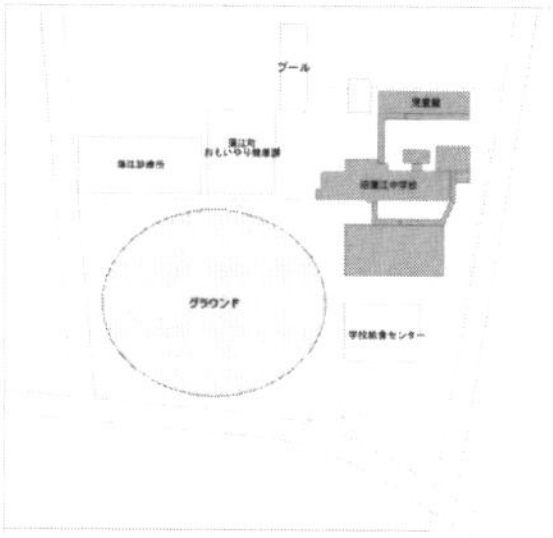

旧蒲江中配置図

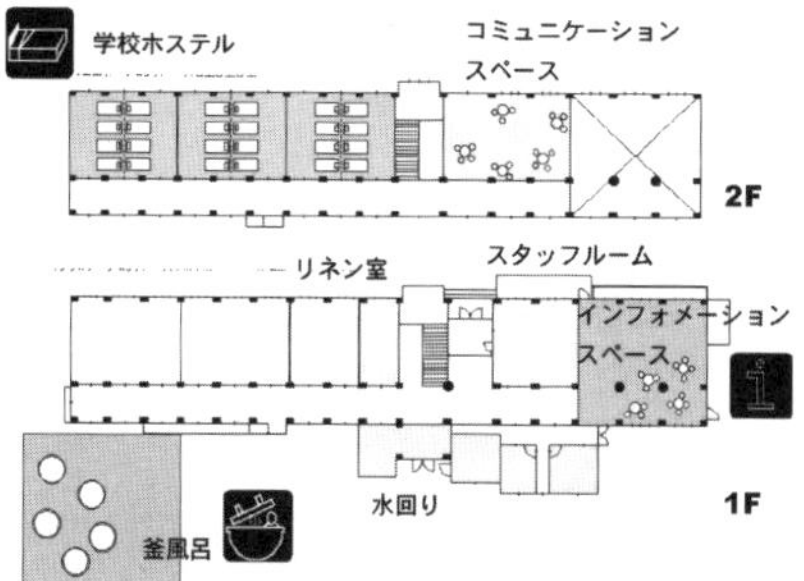

第１期 １・２階平面図

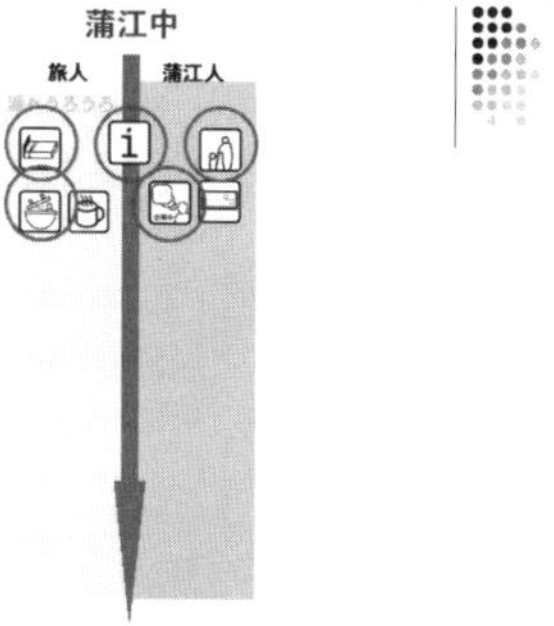

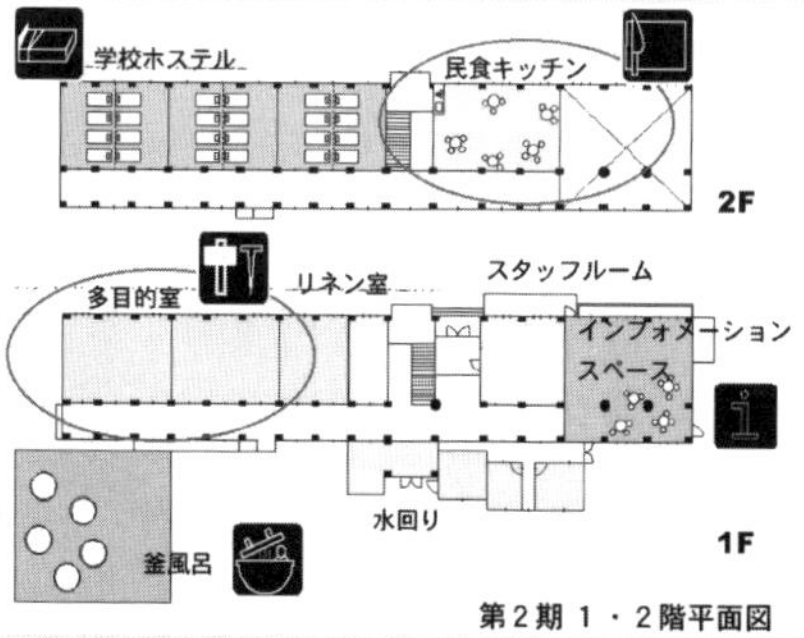

第２期 １・２階平面図

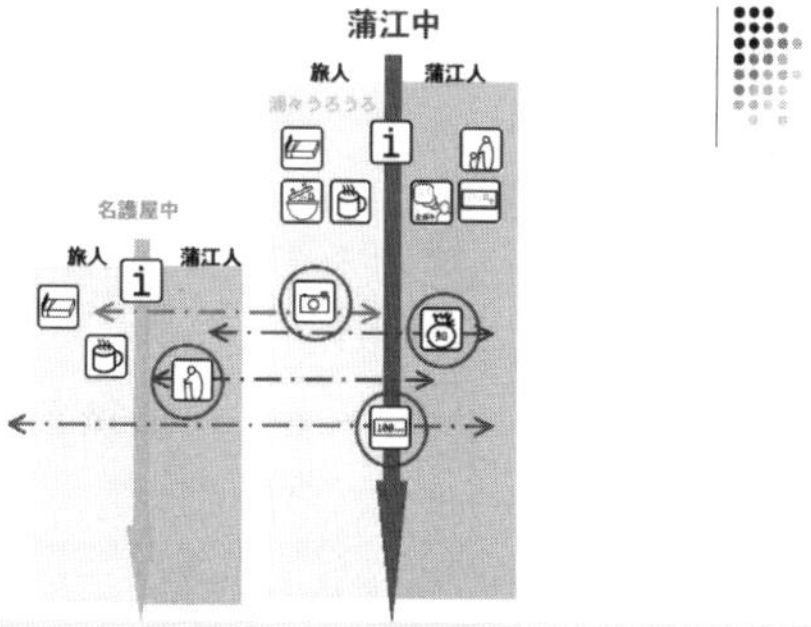

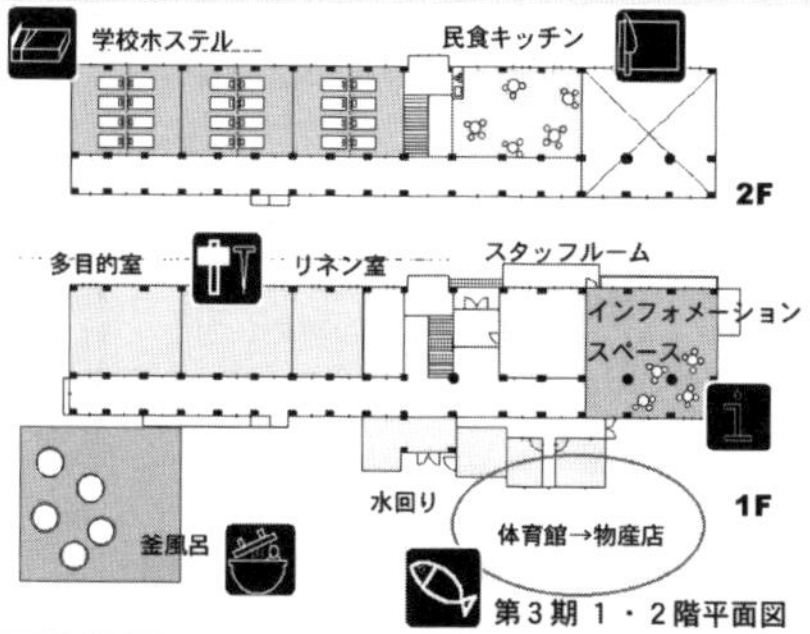

第３期 １・２階平面図

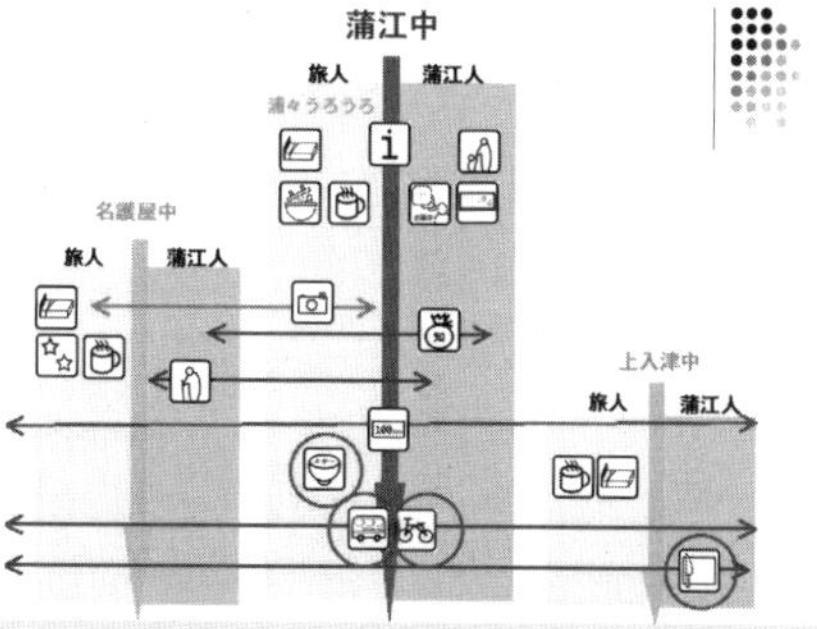

インフォ
メーション
で　浦々《うらうら》うろうろ。

100
蒲江通貨
で　浦々《うらうら》うろうろ。

デイケア施設

撮っておき
Camae
で　浦々《うらうら》うろうろ。

100
蒲江に着いた～。

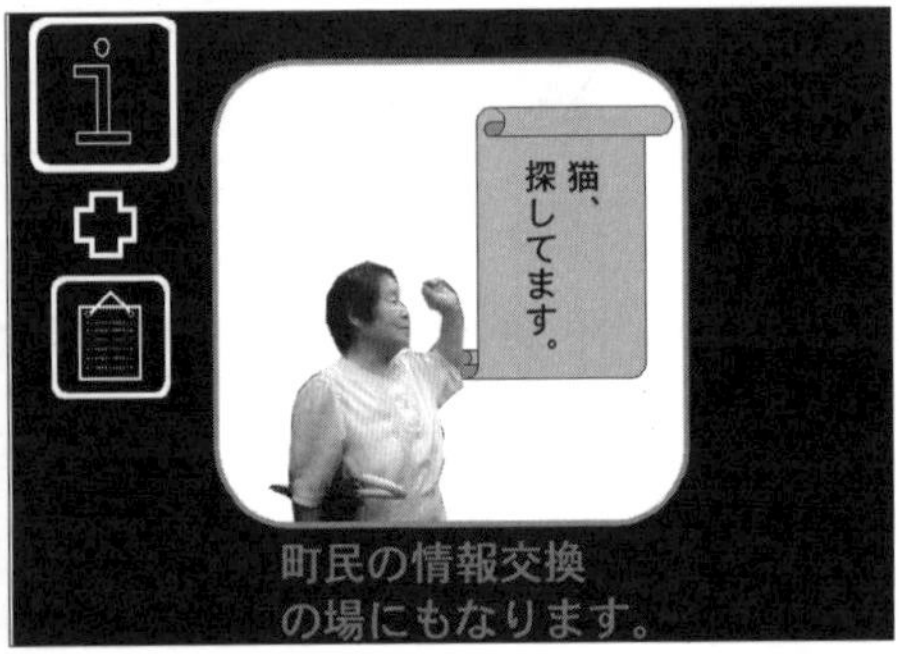
猫、探してます。
町民の情報交換
の場にもなります。

100
町民との
交流ボランティアで....

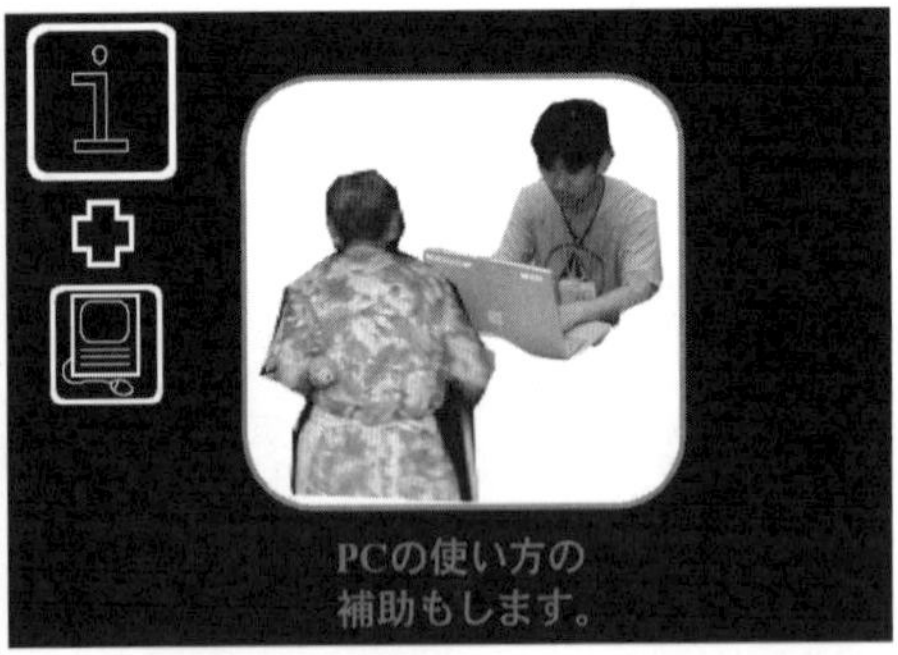
PCの使い方の
補助もします。

100
30カマエン
もれなく蒲江通貨
もらえちゃいます。

企画中
蒲江プロジェクト室

学校ホステル

蒲風呂
で　浦々《うらうら》うろうろ。

子供の託児所

いい湯だな～～。

ファシリテーター：太記祐一
サーベイ対象：旧蒲江中学校

蒲江の特徴として大きくクローズアップされたのは、ふつうの町は中心市街地から同心円状に広がっているが、蒲江は海岸線に沿って並列に並んでいて、それぞれ独特の文化をもっているということ。そして、人口の減少でさまざまな取り組みが浦の中だけでは成り立たなくなってきているということであった。

それを出発点に、ここからどんな提案に向かうかという議論のなかで出てきたのは「ネットワーク」というキーワード。浦と浦をいろいろな仕組みでつないでいくための提案をしよう、と話は進み、最終提案「浦々うろうろプロジェクト」へ。

ネットワークとひとことでいっても、いろいろなものがある。ここで取り上げたのは、うろうろすることで偶発的に生まれてゆくネットワーク。フィールドサーベイで参加者はまちの中をうろうろしたわけだが、これが本当に楽しく有意義だったという体験がベースになっているともいえる。

うろうろしながら、蒲江人と旅人をミックスさせていく。学校跡地は安価な宿泊施設「学校ホステル」として、ネットワークのサーバーとして位置づける。そこにはインフォメーションセンター（旅人に情報提供をするだけでなく、町民の情報交換やパソコンの使い方指導などもする）あり、風呂があり、企画室があり、旅人のための託児所もある。「かまえん」という地域通貨の提案も。蒲江でボランティアをしたら、その対価として「かまえん」がもらえ、「かまえん」を使うために人はまたうろうろする。蒲江の美しい風景を発信する「スナップ写真プロジェクト」や、丼だけ持って中身は自分でさがす「スローフー丼」（材料は自分で調達する。農家や漁業の体験学修をしたり、自分で釣った魚を調理してもらったり）などのユニークな提案もある。

参加者：白銀究／南雄一郎／加藤智樹／齋藤香織／川島実季／丸山達朗／野原春花／星昌美／伊東一／内野智之／小山雅由／竹山奈未／藤田悠／中村祥子

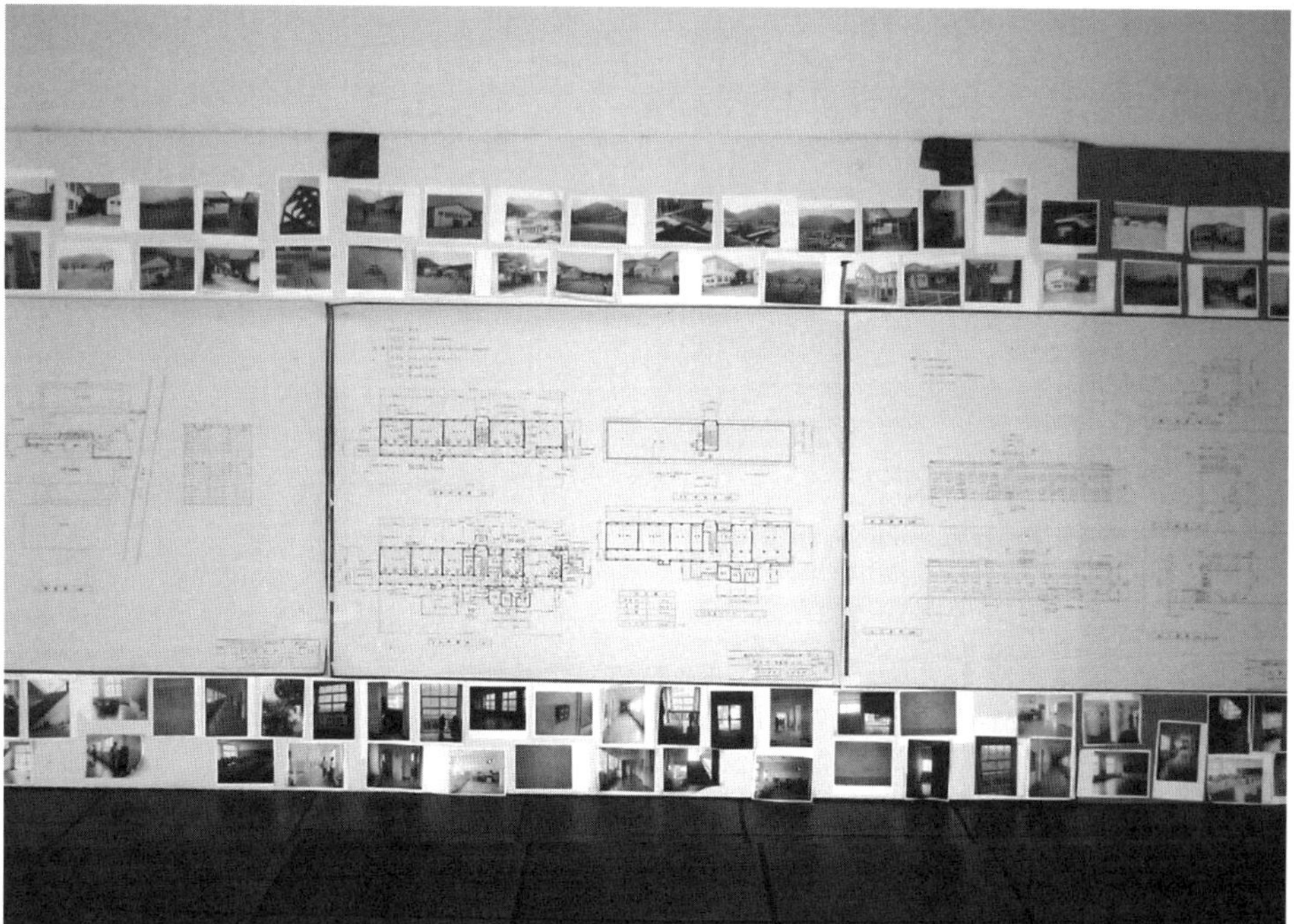

7月

中学校が名護屋にやって来ます。

巡回チュウガク

首藤　孝　　　　　の場合

１４歳　中学３年生

西野浦出身

好きな食べ物　うずまき

好きな芸能人　SPEEDの島袋

将来の夢　　　役場職員

巡回チュウガク
01　運営SCEDULE

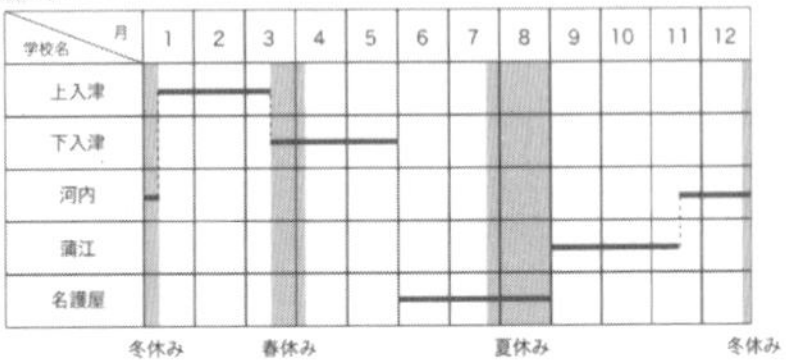

春・夏・秋・冬という季節
そして浦々の特徴を汲みして
巡回中学は蒲江の中に溶け込んでゆく。

巡回チュウガク
02　学童数

浦＼学年	1	2	3	教室数
上入津	28	28	33	6
下入津	16	15	6	3
河内	10	15	9	3
蒲江	40	40	40	6
名護屋	26	30	28	3
合計	120	128	116	

（参考文献）各中学校廃校記念アルバム

全校生徒数
２３８人

校舎を広く使うことで
全校生徒を収容する。
蒲江は浦々の特徴を残したまま
子供たちはカマエッ子になる。

巡回チュウガク
03　MONEY

中学校統合前と統合後の
管理費・運営費の比較検討
は行われていないようだ。
しかし何よりも蒲江の豊かさ
を知り、体験することこそが

priceless！

あの人外人じゃない？

これって踏み台昇降ってよぶのかなあ

PM7:00　各々の浦へ

このおばあちゃんの料理塩辛いんだよな～
給食

祭りじゃーーー

おっしゃー　うずうずうずまきぃー

高橋　きぬ　　　　の場合

７２歳

好きな食べ物　　干物

趣味　　　　　　ダンス

死に場所　　　　蒲江がいいなあ

４時まで何もないから、海でも行こうや～

なんじゃろか？？これは

もうすぐ中学校がやって来るの～
そうじゃの～

年ぶりの祭りじゃの～

あの子らのデザートは「うずまき」かの

蒲江浦には負けちょられん

この子ら干物は好きじゃろうか？

ファシリテーター：本江正茂
サーベイ対象：旧名護屋中学校

蒲江の人は自分たちの暮らしの贅沢さに気づいていない。自然は贅沢、食生活も贅沢、この学校跡地も贅沢なものの一つである。そういった贅沢をリソース（資源）として一つ一つ取り出し、どうやって有効活用するか議論した。

提案は二つあり、一つは「巡回チュウガク」。ある期間ごとに移動していく中学校だ。せっかく各浦に旧中学校があるのだから、それを活用しない手はない。もともと中学校だから利用しやすい。また、各浦の特徴を教育プログラムに反映させることができる。お年寄りは巡回チュウガクが来るのを楽しみに待って、自分もそのプログラムに参加する。また、各浦が今まで以上に一体感をもつことができる。

もう一つの提案は「ワークショップの産業化」である。今回のワークショップの成果の一つは、一〇〇人にものぼる人が蒲江の外からやって来て、蒲江を知り、真剣に考え、蒲江の人と酒を酌み交わし、蒲江を存分に楽しんだことで

高橋　茂正　　　　の場合

１７歳　高校２年生

部活　　　野球部

趣味　　　野球

将来の夢　野球選手

ナタリー・ポルト

２３歳

出身地　　テキサス州ダラス

職業　　　ピザ屋

ただいま休暇中・・・・

男子は野球

Why?????（どうして学校行かないの？）

今やスポーツは蒲江の自慢です
祝・野球部　全国大会出場

女子はバレーぐらいしかなかったのに

はないだろうか。これを今回だけのイベントで終わらせるのはもったいない。蒲江の人たちで継続していったほうがいいのではないか。蒲江が合併後の地域づくりのモデルケースになれば、たくさんの情報が集まるし、発信できる。

参加者：武田史朗／吉田祐子／小山田陽／松尾美和／上田祥史／乙益康二／春田佳菜／鈴木雅之／首藤顕道／小山田将藍／池田知余子／田中義之／松尾健治／佐藤みずき

<講師紹介＊到着された先生から>

●岡部明子先生
「早めに入って、すっかり町の人に。ここは、一日で町の人になれます」
●川村健一先生
「自分の立場としては特に海外の視点を紹介できればと思います。」

<まちづくり課の方々の紹介>

●谷口まちづくり推進課長
●田嶋参事（とらさん）
●牧野さん

<ファシリテーターサポーター>

●東京大学　山崎技官

<オブザーバー>

●大分大学　鈴木先生

15:30~　<レクチャー>

●坪内健氏
『蒲江町での暮らし』
蒲江PRビデオ観賞

「花火祭りが建設会社の倒産によって中止されたのが残念」

2003年、8月22日午後3時30分～、

↑↑↑↑↑↑↑↑↑マリンカルチャーセンター視聴覚室風景
当ワークショップ初のレクチャー講演者は、町役場の坪内健さん。
蒲江の地勢、気候、歴史、政治経済などの動向、産業、教育、福祉医療、インフラ、
都市計画など、様々な情報を公開していただいた。
役場からは、参加者に各一部、資料が配布された。
snap!!　DAILY NEWS

[蒲江町を知るツアー]&[浜焼き]

16:10~　<蒲江町を知るツアー>

旧上入津中学校❶
旧河内小学校❷
旧下入津中学校❸
①東光寺
②王子神社
③青木氏設計清家家住宅
旧蒲江中❹
蒲江ふれあい児童館❹

＊時間の都合上
旧名護屋中学校と高平展望公園は省略されました。

19:15~　夕食<浜焼きパーティー>

2003年、8月22日午後6時10分～、
蒲江町（主に北西）

木造をイメージしていたら、意外だったという
声も聞かれた廃校跡地。思い思いに写真をとっ
ている。（写真は旧河内小学校）
役場の”蒲江のプロ”の清家さん、
森さん、熊谷さんの
解説つきツアー。
snap!!　DAILY NEWS

2003年、8月22日午後7時15分～、
マリンカルチャーセンター海側芝生テラス

はじめはかたかった雰囲気も、蒲江の海の幸で
和やいだ様子になり、車座になる参加者とFS.
町長はじめ、町のかたも参加して語らう。
snap!!　DAILY NEWS

廃校跡地利用／地方都市再生の処方箋

第1回　蒲江町　環境・建築・再生　ワークショップ

問い合わせ：・環境・建築・再生　ワークショップ実行委員会事務局
@大分（青木茂建築工房内）aokou_o@d3.dion.ne.jp
／tel：097-552-9777／fax：097-552-9778
・蒲江（かまえ）町役場　まちづくり推進課

DAILY NEWS

@oita marine culture center　03/8/23発行　vol.1

〒876-2492　大分県南海部郡蒲江町大字蒲江浦3283

NEWS 22 金

「蒲江町に全員結集！」

ついにワークショップ開催当日、
マリンカルチャーセンターにおよそ90名の参加者が集まりました。

↑↑↑↑↑↑↑↑↑↑2003年、8月22日午後2時、マリンカルチャーセンター正面入口ロビー風景。

佐伯から送迎バスに乗り現地入りし、受け付けで到着順に名札を受け取る参加者の様子。

参加者もさることながら、この日のために準備していたstaffも緊張の瞬間でした。

＊today's　schedule＊

7:30～------------朝食（団体食のほうに並んで下さい）

8:50~9:00--------＜備品・ネットワークの説明＞
staff七戸、宇治

9:00~12:00-------＜キックオフミーティング＞
ファシリテーターサジェスチョン
グループディスカッション

12:00～-----------昼食

13:00~18:30-------廃校跡地サーベイ（各チーム毎）

19:00～-----------夕食

20:00～-----------自由作業

21:30～-----------入浴（女性の方は早めに）

22:30～-----------女子全員、中央公民館出発

＊部屋を出る時は必ず、自分で使ったシーツを持って出て各自保管して下さい。
（一週間を通して、参加者の方には、同じシーツを使っていただきます。）

＊食費は9000円になります。徴集日は後日連絡いたします。

NEWS topics ＜22日WS「一人一言」

13:00～　佐伯駅に集合／バス蒲江に向け出発

14:30～　マリンカルチャーセンター到着／受付

14:30～　開講式

2003年、8月22日午後2時30分、
マリンカルチャーセンター視聴覚室風景→→→→→

視聴覚室のとなりの荷物置き場に荷物を置いて、視聴覚室へ向かいました。参加者はそれぞれ、熱心な様子で話しに聞き入っている様子。メモを真剣にとっていた人は、もうすでに廃校跡地利用のアイデアのヒントを得ていた様子でした。

DAILY NEWS snap!!

＜主催者挨拶ならびに激励＞

●塩月町長激励
「廃校跡地だけではない、蒲江のまちづくりに貢献してほしい」

「蒲江の人に悪い人はいません。町の人から声をかけられれば、是非町民と仲良く接して下さい。」

●青木茂コミッショナー挨拶
「外来者の視点から再発見するものがあるのではないか」

「昭和の合併の反省を踏まえ、年代を越えた議論を発展させて欲しい」

●清家剛実行委員長挨拶
「自分の専門は解体／修理など建築の生産にまつわることだけれども、
今回は参加者の方々には自分の専門に限定せずに、考えを深めて欲しい」

2003年、8月22日午後2時30分～、
←←←←←マリンカルチャーセンター視聴覚

参加者の前で、紹介されるファシリテータ
方、写真は向かって左奥から、太記先生、山
新堀先生、赤川先生、本江先生。

snap!!

＜ファシリテーター(FS)紹介＞

●太記祐一先生
「外来者が多い中で、実は蒲江町や佐伯出身の参加者の方々の方が、逆に外部者的な視野を持ち得るというシチュエーションは興味深い」

●山代悟先生
「自分のバックグラウンドを考えても、10万人規模の都市のあり方に興味がある。」

●新堀学先生
「町は与えられるものではなく、自分達のまちは自分達の手で変えてみせる、という力に期待」

「ここからいろんな種が蒔かれることでしょう」

●赤川貴雄先生
「裏BBSでは激論が交わされていたという背景がありました。しかし、「結局やってみなければわからない、」。我々（FS）も実験的だということを分かってもらいたい。」

「合宿もひさしぶり。そういったことに価値があるかもしれない」

●本江正茂先生
「本を持ってきたけれども、この町はそういうところではなさそう。

心を開かせる、南国のラテン気質に期待している。」


（右上へ続く）

AB group

「今日は廃校の見学をしたため、1つの学校、ひとつの地域のことを主に考えていました。明日は視野を広げてネットワークで考えてたいですね」

001　ボードを使ってディスカッション

002　改修工事中の屋上から

003　倉庫でのカラオケ会に突入

004　民宿のおじさんと語る西野浦

れぞれ名前出身地などの自己紹介を終えた後、今日のサーベイの手がかりとしてのための視点の設定を。仕事が速い山代グループ。午前のディスカッションが終わるころには、議事録、サーベイスケジュル、ヒアリングシートが出来上がってた！

物、仕事、人·動物、サイン·道、地形等の担当ごとにペアを組んで調査に。

代グループ専用バスだったため、コースを詳細にお願いして、俯瞰できるポイントを探して、改修工事中の小学校の屋上へ。その後、下井津中学校へ。内部も見学できました。

アに分かれて、街へ！

れぞれのペアが汗だくで、たくさんの情報と町の方々の思い、スペシャルな発見をたっぷり仕込んできました。

庫でのカラオケの会に飛び込んだペア、船に乗せてもらって対岸へ送ってもらったペア。ジュースをご馳走になったり、お餅をもらったり、野球少年たちと話したり、犬にじゃれ付かれて泣きそうになっり。

りのバスの中で、帰ってきてから、短い時間で全員の経験を共有すべくサーベイ自慢話に花を咲かせました。

CD group

町(蒲)との距離を、身体で縮めるという目標を予想以上に達成してしまったようで驚きます(笑)
グループのテーマは「わたしの蒲江町」です。こう御期待下さい。

風

蒲江の人達にとって山は当たり前の
景色であり外部に対する壁。
山に対する認識は薄いようです。
しかし外からきた私達にとっては動き
のある山の輪郭はとても新鮮なもの。
蒲江の人達と私達とのギャップから
生まれる提案もあるでしょう。
蒲江町に風がきた・・・

新堀先生を迎えて－理想をかかげる－

ほとんどの参加者にとって
蒲江は初めてくる土地。
フィールドサーベイ前の私達は
それぞれの理想を掲げて、
あつまった。
まだカタチの定まらない
"想い" が集う。
相反する提案もあったり。
お互いを探っている感じは
否めない様子でした

アナログ　－まずはここから－

パンフレットをながめて
蒲江を知った。ネットを
探って、蒲江を知った。

でも今はそこにいるから
五感すべてで蒲江を知った。
すこしづつ、少しづつ
何かが見えてきた？
フィールドサーベイ後の
みなさんは町の人達に
癒されて帰ってきたようです

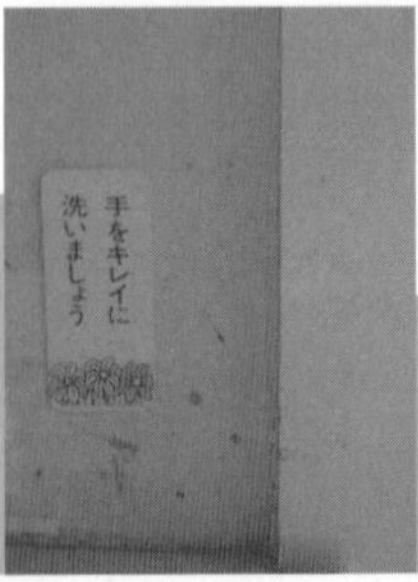

廃校の中の景色

小学校、中学校で誰もが
目にしたフレーズでしょ？
昨日、今日と風呂もままに
ならない私達
思い出せ、子供の頃を
子供というキーワードが
大きくでてきているようです

建築は仕掛けを提供する
ささやかであっても仕掛けることで人の動きに豊かさを与える
小さな仕掛けを提供できればと思いました。　　スタッフ

http://www.re-fine.co.jp/kamae

廃校跡地利用／地方都市再生の処方箋

第１回　蒲江町
環境・建築・再生
ワークショップ

問い合わせ：・環境・建築・再生　ワークショップ実行委員会事務局
@大分（青木茂建築工房内）aokou_o@d3.dion.ne.jp
／tel：097-552-9777／fax：097-552-9778
・蒲江（かまえ）町役場　まちづくり推進課
〒876-2492　大分県南海部郡蒲江町大字蒲江浦3283
tel：0972-42-1111／fax：0972-42-1119

DAILY NEWS

@oita marine culture center　03/8/24発行　vol.2

NEWS 23 土

「キックオフ・ミーティング！」

今日はワークショップ２日目。キックオフミーティングでは
10チーム5グループに分かれたメンバーが初顔合わせをしました。
各グループごとに担当のサイトも抽選で決定し、午後にはそれぞれの
浦を調べに現地でサーベイ。マリンホールでは深夜まで議論が続きました。

↑↑↑↑↑↑↑↑↑↑2003年、8月23日午前11時、マリンカルチャーセンター一階マリンホール風景。
はじめは緊張気味だったメンバーも、意見を交わしながら、仲が深まっていった様子でした。
写真はEFグループの様子。

＊today's　schedule＊

7:00~------------女性陣バス中央公民館出発

7:30~------------朝食（団体食のほうに並んで下さい）

9:00~12:00--------＜公開講座❶＞

岡部明子先生
「小都市ネットワークの欧州」

＜公開講座❷＞

川村健一先生
「コミュニティーからリージョンへ」
～アメリカの新しい動き～
（トークセッション）

12:00~------------昼食

13:00~18:30-------＜スタディ＞（各チーム毎）
ディスカッション／制作作業／個別指導

17:00~19:00------町の人とのクロスセッション

18:30~------------今日のまとめ
19:00~------------夕食
20:00~------------自由作業
21:30~------------入浴

＊部屋分けはマリンホール入口にはり出しますので確認して下さい。
＊ほしいものリストをつくりましたので、各人書き込んで下さい。
＊本は、基本的にマリンホール内でお願いします。外に出す時は、貸し出し名簿に記録して下さい。貴重品です。

NEWS topics ＜23日WS「初顔合わせ」

08:50~09:00　諸注意

・備品についての説明
・ネットワークの注意とこの部屋の使い方
・メモをとろう。

09:00~10:00　ワークショップの進め方（清家先生）

・このワークショップの目的。
・そもそもワークショップとは？
・ファシリテーターとは？（赤川先生）
・グループ分けについて。
・サイトの決め方
・サーベイ段階では何をするのか。
・町民クロスセッションに向けての意識をもつこと
・全体行程／提案物に関するルール

10:00~10:20　サイト抽選会

代表者の、くじ運についてのコメントで、会場内にどっと笑いがおこる。
一度にたくさんの人間が笑った瞬間が感慨ぶかかった。

10:00~11:30　グループディスカッション

・自己紹介などアイスブレイキング。

11:30~12:00　廣瀬大分県知事来訪、激励！！

・Q&A詳細は、4P目のコラム2を御覧下さい。

2003年、8月23日午前11時30分、
マリンカルチャーセンターマリンホール風景➡➡➡

参加者を激励に、廣瀬大分県知事がいらっしゃいました。手前は塩月町長。

これだけ若い参加者がそろっている会場をみて、県知事さんのコメントにも熱がこもっていたように思います。

DAILY NEWS snap!!

13:00~18:00　フィールドサーベイ

・サーベイ詳細は、2P目からのグループワークを御覧下さい。

18:00~　フィールドサーベイまとめ

2003年、8月24日午前2時30分～、
⬅⬅⬅⬅⬅マリンカルチャーセンター
マリンホール風景

女性陣が中央公民館に移動した後も、深夜ま
論が交わされるマリンホール室内。
写真は、参加者と、その前でデイリーニュース
りにはげむスタッフの花ケ崎さん。

snap!!

＊明け方まで、スタッフでもないのにも関わらず、こころよく編集作業を手伝ってくれた参加者の大家君、
どうもありがとうございました。（daily news　編集staff　大原　花ケ崎　松田　俵）

http://www.re-fine.co.jp/kamae

I J group

よいサイトを抽きあてました。佐藤さんありがとう。丸市尾は、波音とセミの声、それに遠い雷鳴が、下見板張の家並みに吸い込まれる、静かさの際立つ浦でした。その静けさに耳を澄ましながら、よだきぃ」と言われない提案をまとめていきましょう。

他己紹介でメンバーをメンバーに売り込むというユニークなメンバー紹介で和やかな雰囲気の中グループワーク。

思い思いの場所へ出向いて、生の声を聞き集めます。すっかり蒲江住民に溶けむ事ができました。

現場でディスカッション

とれたての情報をもって中学校校に集合し、地図を見ながらおひろめします。調査中の様々なハプニングに笑いのウズが生まれる場面も。

今日明日で行うのは現地調査。明日の町民の方の対話を折り返地点としますますアグレッシブに活動を進めていくかたちとなります。

当ワークショップコミッショナー　青木茂氏より一言

「いくつかのサーベイの現場を見に行きましたが、かなり密度の高いサーベイが行えたようで、今後の展開を非常に楽しみにしております。
今日は5時から蒲江町民を交えてのクロスセッションということで成果をまとめるのに非常にスピードが要求されると思いますが、
みなさんチームワークでがんばってください。

DAILY NEWS

COLUMN 1　「蒲江ワークショップのできるまで」

「ワークショップをやろう。」このWSのスタートは忘れもしない5月のおわり。1年間やってきた廃校跡地利用総合計画の町長と田嶋氏への報告の場だった。以来、青木工房の担当スタッフとして立上げから取り組んできたが、WSはもうはじまってる！と思って準備にあたってきた。学生のときにワークショップに参加した事はあったが当然運営したことなどなく、まずは事例を下敷きにしつつ、青木とのやりとりのなかからテーマを絞る。とりあえず簡単な企画書作成。まだみえない。まずは目にみえるものを、と「このまちはもうすぐ無くなる」「10万人都市の処方箋」というコピーを設定してポスター原案をつくってみる。清家先生との協働がきまる。ファシリテータの協力が決定。岡部氏、川村氏、松村氏の講師参加決定。6月半ば。はやすぎる展開。千葉氏、阿部氏、曽我部氏の参加も決る。信じられない。ぶらぶらしていた後輩の原島を雇い入れ、ホームページの作成開始。8月に開催するなら募集は7月にやらないと！！現実に気づく。まずい。7月1日からの募集を決定。石堂氏のおかげで新建築にスペースが。でも入校まで数日。とにかく概要を固める。（実は予算の目処が、、）募集開始までもう1週間切る。田嶋氏苛立つ。ポスター最終稿完成。役場のプリンタで、役場の方必死のA1インクジェット大量出力。6月30日発送完了。いよいよ募集開始。ホームページまだ未完成。なかなか募集がこない。鈴木氏講師参加決定。嗚呼。期限2日前、応募者三十数名、1日前、四十数名、ああ、やはり定員の50まではいかないか。最終日、応募者殺到。まさかの120越え。涙を飲んでの選考。70名の参加者決定。もう8月。いよいよ開催に向けての準備。講師のスケジューリング、宇治七戸活躍。俵参入。シンポジウムポスター、送付資料作成。細かい詰め。深川徹底。ファシリテータ会議が進行、ようやくみえてきた。九電のシンポジウム協賛決定。パネリストも決る。予算の目処がなんとか、、。花ヶ崎熱意のスタッフ参加。ネームプレート作成。楽しくなってくる。が、スタッフ足りないことに気づく。水野、松田、進、新名、高木参入。もはや開催直前。東京スタッフ大分入り。大原参入。事務局蒲江に移動。最後の準備。

早くも2日目の深夜。昼のフィールドサーベイの熱気もさめやらず、会場では議論、笑い声、パソコンの打音、見渡せば色とりどりのポストイット、地図や図面の切れ端、少し日焼け気味の風呂上りの参加者達。

今日は町民セッション。ブレイクスルーの糸口は見つかるか。楽しみ。（STAFF光浦）

DAILY NEWS

COLUMN2　「知事とWS参加者のQ&A」

Q&A

Q. 高速道路はいつ完成するのですか?（北海道出身）
A. 国には催促しているところですが、開通までは5年から10年後になりそうです（知事）

「蒲江町出身ですがこのワークショップでヘタなモノができては困るので参加しました」という質問に、

Q. ヘタなモノとはどのようなものですか？（知事逆質問）
A. 建築家がつくると、すごいモノになってしまうイメージがあります　例えば、アートギャラリーのような提案をしても住民との距離が遠く感じるリアリティーのないモノができてしまう場合があるようです　今回のワークショップでそのリアリティーさのあるモノをつくりたいです（蒲江町出身）

ワークショップのキャッチコピーに「このまちはもうすぐ無くなる」という言葉が気になり応募しました（北海道出身）

EF group

「予想以上に地元の方から話を聞くことができ驚きました。今日の収穫を明日につなげて欲しい思います。」

午前中の風景。抽選により敷地は河内小学校に決定！

パネルディスカッションの様

午後。Ｅ班・Ｆ班合同で五班に分かれ、校舎、寺社、西エリアの生活、東エリアの生活を調べる。

向原寺住職さんとの懇談風景

『墓場の脇を通るお地蔵さん
道をおだいさんみちといって、
お地蔵さんたちには一つ一つ
入っている。この町の人は毎
参りをする。』などなど参考
お話をしてくださいました。

GH group

「参加者は、暑い中精力的にサーベイしてくれましたが、浦はあまりに広く、あまりに魅力的過ぎたのではないか心配です」

画像１：笑顔を交えつつ、活発に意見が飛び交っています。

画像２：実際に課題の廃校を見学。それぞれに発見があったようです。

画像３：町民と交流中。住民の方々の生の意見が得られました。

画像４：エリア内には蒲江特有の海岸線が生活の一部として入り込んでいます。

開始早々からディスカッションはどんどんヒートアップ。メンバー同士が互いに刺激あっている様子は蒲江の暑さをも凌ぐ勢いです。ブレインストーミングから、午後のサーベイでの方針を固めます。
メンバーは前日の大まかな見学とは異なり、入念に現地を視察。学校の中の見学もでき、細かい部分の確認や空間構成を知ることができました。また、周辺の土地の探索し、地元住民から様々な情報を得るこができました。
その後、マリンホールに戻り、サーベイで得られたことを報告し、課題地区の全体図の把握をしました。グループ内では、「住民からは、蒲江町の将来に対しての意見は乏しかったので、このワークショップよい提案をつくろう！」と意気込んでいました。ファシリテータの太記さんからはとのコメントを頂きました。皆さんお疲れ様でした。今後も期待しながらサポートしていきます。（高木・水野）

AB group

西野浦チーム

＜旧下入津中学校＞　staff 七戸／深川

「今日はうまくメディアを使って町民の皆様に説明することができました。明日からは具体的な提案をになっていくので頑張りましょう」

001　これらのコンセプトをもとに

002　注目！

003　下入津中の将来は・・・

004　嫁にこないのか～♪

まだ2日目にもかかわらず、互いがすっかり打ち解け、まるで1つの家族を形成しつつある「TEAM山代」。夕方に行われた蒲江町民とのクロスセッションでは、調査対象の西野浦地区を『動く』『つなぐ』『働く』『遊ぶ』『使う』の5つのキーワードに分類。人の絆、家族の絆を大切にし、温かく生活しているこの地区を地理的な特徴から明確に説明した。旧下入津中学校の跡地利用に関しては、こうした背景をもとに現段階では「みんなが集まれる場所」をテーマにした複合施設を提案。その施設内はスーパー銭湯から葬祭場にまで及んでいる。また、漁業が盛んなここ西野浦では今後の産業発展のためにも後継者の問題が重要であることから、街のシンボルである港をネットワークの起点とした案も構想中。参加された住民からは「みんなの中から将来蒲江に来る嫁さんはおらんかのぉ」との声もあがった。これからの進展が色々な意味で楽しみである。

CD group

畑野浦チーム

＜旧上入津中学校＞　staff 宇治／新名

「あまりに豊かな蒲江の体験に捕まってしまったため、町民とのセッションでは戸惑いもあったようですが今日(25日)は、その体験を皆さんと分かちあえるプレゼンとなるとおもいます。」

上入津開校当初

今日の上入津とは正反対。開校の写真、
当時の開校と、今の廃校。

廃校が次の新しいスタートとなればいい。

エスキス

舟を利用する町の人達を出迎えてくれる景色は廃校。
自由に線を引いてみる
自由に色を塗ってみる
可能性をみなさん想い描いているようです。

会議

最後の現地サーベイも終え、より具体的な話もでてきているようです。
"蒲江のために"という意識が強くなっているのがうかがえます。

視線

住んでいる人
蒲江で育った人。
青木さんを含め、蒲江の人達のまなざしの中でのプレゼン。
サーベイから感じとったことを伝えています。

http://www.re-fine.co.jp/kamae

廃校跡地利用／地方都市再生の処方箋

第１回　蒲江町 環境・建築・再生 ワークショップ

問い合わせ：・環境・建築・再生　ワークショップ実行委員会事務局
@大分（青木茂建築工房内）aokou_o@d3.dion.ne.jp
／tel：097-552-9777／fax：097-552-9778
・蒲江（かまえ）町役場　まちづくり推進課
〒876-2492　大分県南海部郡蒲江町大字蒲江浦3283
tel：0972-42-1111／fax：0972-42-1119

DAILY NEWS

@oita marine culture center　03/8/25発行　vol.3

（上）実際に招待された
お宅に掲げられていた
看板！

「歓迎ワークショップ御一同様」

町議会議員さんの家に、W当S参加者の中から10名ご招待をうけました。

：役場に務める方のお話：
「蒲江町は高齢者にとっては住みにくい町。休憩所、公園等、少なくそれは同時に子供にとっても住みにくい。
→子供は蒲江蒲江から離れていく。それを改善する計画を行ってほしい。」

：その他の意見：
・道が入り組んでいるので橋を架けたい。
・昔（二年前くらい）は蒲江中付近に駐車場をつくる提案があった。
・町にはサインが少ないので外から来た人には良いところが分からない。（ぜひ作ってほしい）

蒲江高校を卒業した漁師さん（22歳）の話
「蒲高は最高によかった。人に流されない人間になれる。」
など、町民の方から貴重な意見をいただきました。（招待された一人、川島さん提供情報＊ありがとうございました！）

↑↑↑↑↑↑↑↑↑↑2003年、8月24日、町議会議員さんの家での食事会風景。

＊today's　schedule＊

7:30~-----------朝食（団体食のほうに並んで下さい）
9:00~10:30--------＜公開講座　3＞
青木茂先生「リファインの手法」
10:30~12:00ーーーー＜公開中間公表（各チーム）＞
赤川貴雄先生
新堀学先生
太記祐一先生
本江正茂先生
山代悟せ先生
12:00~-----------昼食
13:00~18:30-------＜スタディ＞（各チーム毎）
ディスカッション／制作作業／個別指導
18:30~-----------今日のまとめ
19:00~-----------夕食
20:00~-----------自由作業　(orアンコールレクチャー)
21:30~-----------入浴

＊深夜長く外出されるときは、前もって電話番号等スタッフにご報告下さい。

NEWS topics ＜24日WS＞

8:50~9:00　　諸注意

10:00~12:00　　公開講座❶　岡部明子先生
「小都市ネットワークの欧州」

10:00~12:00　　公開講座❷　川村健一先生
「コミュニティからリージョンへ」
～アメリカの新しい動き～

⇐⇐⇐⇐⇐2003年、8月24日午前11時00
マリンカルチャーセンターマリンホール風

今回はお二人の講識が、ヨーロッパやアメ
など、世界各国にわたったこともあり、お
トークセッションが実現。清家先生がコー
ターになり、話しは弾んだ。

snap!!

13:00~18:30-------＜スタディ＞（各チーム毎）
ディスカッション／制作作業／個別指導

17:00~19:00-----------町民とのトークセッション

2003年、8月24日午前17時30分、
マリンカルチャーセンターマリンホール風景⇒⇒⇒

昨日のフィールドサーベイで調査したものをスタディし、参加者や町民にプレゼンテーション。

ワークショップ3日目という、短期間で作り上げたもの。それぞれの班にそれぞれ違った色が出ていた。

DAILY NEWS

snap!!

2003年、8月24日午後18時30分～、
⇐⇐⇐⇐⇐マリンカルチャーセンター
マリンホール風景

各班担当の地域在住の町民の方々がいらし
した。町民側からみた蒲江、私たちからみ
違いを感じることができました。

snap!!

2003年、8月25日午後2時30分～、
⇐⇐⇐⇐⇐マリンカルチャーセンターマリンホール

その夜は、明け方までの作業でマリンホールは熱気に包まれた。
みなさん、最後の講評会が楽しみです！！

IJ group

丸市尾浦チーム
<旧名護屋中学校>　staff 松田／進

いつもとは違う言葉を使おう
いつもの言葉でいつもの問題を語るなら
いつもの壁に突き当たるばかりだ。
「女時」らしい、新しい玉のような言葉を産み出そう

リソース集め
蒲江がもっている、おもしろい要素を集めて、整理します

発表風景
２日間で得たレアなお話に、会場は和らぎます

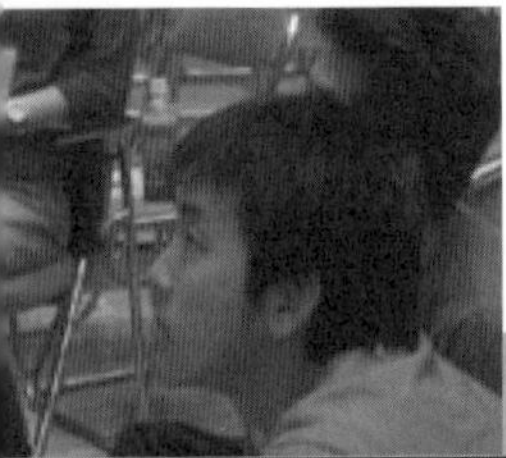

ディスカッション
蒲江の希望を表現する方法を真剣に考えます。

住民の皆さんを迎え、蒲江の面白さをアピール,問題解決にとどまらず、新しい方向をしめそう！

地調査からえた大量のエピソードを料理し、これからどういう表現がされいくのかすごく楽しみです。明日の中間発表にこうご期待！！

当ワークショップの実行委員長　清家剛氏より一言

昨日から本格的にレクチャーの開始。岡部明子さんと川村健一さんのお話は、蒲江にとって直接参考になる議論ができたと思いますし、参加者にとっても役に立つ内容でした。後半の議論に反映させて下さい。本日は青木さんのお話と、前半のサーベイのまとめの日です。皆様の精力的なサーベイ結果をうま表現して、いい意見交換をしましょう。

DAILY NEWS

COLUMN3

公開講座＜岡部先生＋川村先生＋蒲江町＞

岡部さんは、ヨーロッパの小都市が、小都市同士で連携しながら、生き残っている例のいくつかを主に紹介して下さり、日本の地方都市の可能性を示唆されました。
川村先生は、砂漠の都市の緑化事業や、北欧の国国のコモン、アメリカの住宅事業などを例に、コミュニティやリージョンのデザインの基本について述べられました。
両先生、ありがとうございました。

＊＊＊参加者インタビュー＊＊＊＊＊＊

・ヨーロッパにも似たような町が有り、日本よりも進んで　いて、日本の意識の低さを感じた。(魚住さん)
・町の仲の人や生みを介したつながりの話しが面白かった。ワークショップに使えそう。(常陰さん)
・他の国のかわった事例が見れてよかった。(古庄さん)
・東京中心とした場所以外の地方都市のこれからのあり　方の事例といっしょにみれてよかった。
・住民の人の刺激になればよかったなあと思います。
(都市計画・斉藤さん)

DAILY NEWS

COLUMN4

＜町の人に突撃インタビュー＞

CD班の畑野浦へのサーベイ結果を聞いて。

＜畑野浦出身の歯医者さん。＞

海が汚いということが、指摘される等、地元の人とは違う視点を持っていて、面白かった。
日本全国から来て、三日で打ち解けあっていたりする皆さんや、特に女性の力を感じました。

http://www.re-fine.co.jp/kamae

EF group

竹野浦河内チーム

<旧河内小学校>　staff 大原／花ケ崎

当初抱いていたイメージ以上に、”民族学的”に興味深い発見があり驚きの連続です。参加者の皆さんもそういった発見にモーティヴェートされているようです。

ディスカッション風景。

プレゼンテーションの様子。

学校班のプレゼンボード。

昼休み前の風景。
座って話し合うと楽に話し合えた。

午前中はレクチャー昨日の疲れも見られず、元気に聞く。昨日のうちに大まかにまとめておいたので、作業は順調に進んだ。分かれて調査した学校班、寺班、海班、アンケート班ごとにまとめて、住皆さん相手のプレゼンテーションの準備を進める。まだ具体的な提案は出てきてないが、各班の雰囲気はよく、お互いの調査内容を照らし合わせながら、うまく議論ができているように思える。（大花ケ崎）。

GH group

蒲江浦チーム

<旧蒲江中学校>　staff 水野／高木

「参加者の皆さんのパワーにはひたすら圧倒されました。明日が楽しみです。ふふふっ…。」

discussion

経験豊富な先生方のお話の中から少しでもヒントを得ようと、みんな真剣に耳を傾けています。眠気と闘いながらメモを取ったり深～くうなずいたり・・・。休憩中に話し合う姿もちらほらうかがえます。

lecture

経験豊富な先生方のお話の中から
しでもヒントを得ようと、みんな
剣に耳を傾けています。眠気と闘
ながらメモを取ったり深～くうな
いたり・・・。休憩中に話し合う
もちらほらうかがえます。

lunch

お昼ごはん。海を眺めながらの1ショット。つかの間の休息をともに過ごし、結束も強まっている様子。中のよさはこのグループの強みです。さぁ、午後もガンバロー！。

session

今日の山場ともいえる時間です。
ンバーも緊張した面持ちですが、
方の方々との意志疎通を図る大事
瞬間、語りにも熱がこもります。
レゼンの評価もなかなか。みなさ
、お疲れ様！

（staff　水野　高木）

http://www.re-fine.co.jp/kamae

AB group

西野浦チーム

<旧下入津中学校>　staff 七戸／深川

「せっかく海のそばでワークショップをしているのだからと思って海辺でディスカッションをしてみました。でも、砂浜での話し合いは無謀でしたね。すいません。ワークショップももう終盤戦。悔いの残らないようにがんばってほしいのですが、体にも気をつけてね。」

24日の夜はうさぎ亭でさしみパーティー
「ビールがおいしかった！」（野坂）

中間発表をしました
「パソコンがフリーズしてあせったけど落ち着いて話せてよかった。」（瀬古）

でミーティング
当は海で泳ぎたかった！」（林）

棕櫚の木の下でミーティング
「とっても暑かった、、、。議論も体も暑くなりました。」（赤羽）

CD group

畑野浦チーム

<旧上入津中学校>　staff 宇治／新名

「あまりに豊かな蒲江の体験に捕まってしまったため、町民とのセッションでは戸惑いもあったようですが今日(25日)は、その体験を皆さんと分かちあえるプレゼンとなるとおもいます。」

中間発表
　畑野浦地区の提案がようやくまとまってきました。これからの方向性が見えたようです。

水中サーベー
　私たちの班の盛り上がりはすごく、海に飛び込んできました。
蒲江町民（クラゲ）との触れ合いは痛いものでした。

小戸家
　蒲江長出身の班員小戸君のお宅のご好意により、夕食をご馳走になりました。新鮮な魚においしいお酒。とても楽しい夜でした。

蒲江長の方のご招待
　山本さん、戸高さんのお宅でも夕食をご馳走になりました。蒲江町民の方々との貴重な時間をすごすことができました。

http://www.re-fine.co.jp/kamae

廃校跡地利用／地方都市再生の処方箋

第１回　蒲江町 環境・建築・再生 ワークショップ

問い合わせ：・環境・建築・再生　ワークショップ実行委員会事務局
＠大分（青木茂建築工房内）aokou_o@d3.dion.ne.jp
／tel：097-552-9777　fax: 097-552-9778
・蒲江（かまえ）町役場　まちづくり推進課
〒876-2492　大分県南海部郡蒲江町大字蒲江浦3283
tel: 0972-42-1111／fax: 0972-42-1119

DAILY NEWS

@oita marine culture center　03/8/27発行

歓迎ワークショップ報告第二段

（右）招待を受け談義する様子。

２５日の夜は畑野浦の歯医者さんに10名ご招待をうけました！（小山田二名は指名）

蒲江の魚料理や個性豊かな畑野浦のみなさんと贅沢な時間を過ごしたようです。
中でも、蒲江町の現状の話はもちろん、戦後の真珠業の歴史のお話や、蒲江町の官公庁への不満といった意見はとても参考になったようです。
まことに有り難い限りです。

赤川班は民宿「清水マリン」で乾杯！

EFグループは清水マリンで地元の人たちとふれあいました。

Uターンした大工の方
「蒲江を出たことで九州男児の父とそれを支える母の大事さがわかりました。」
「蒲江の人々は気さくです」

養殖をしている方
「養殖で使った排水は中にえさが含まれているのでボラが食べてくれるんです」

（左）乾杯する赤川班のメンバー

蒲江を若い内に出た方はそのことで、しっかりしたビジョンを持っている。しかし一方で、親の仕事を継ぐという形以外で蒲江で働く場所が少ないのではないかという感想もあったそうです。

＊today's　schedule＊

7:30~-----------朝食
9:00~10:30--------＜公開講座　6＞
千葉学先生「建築と都市をつなぐもの」
10:30~12:00ーーーー＜公開講座　7＞
阿部仁史先生「場所と建築・対話とプログラム
12:00~-----------昼食
13:00~18:30-------＜スタディ＞（各チーム毎）
ディスカッション／制作作業／個別指導

＊本日午後蒲江町立翔南中学校にて、阿部先生千葉先生を講師に中学生レクチャーが行われます。忙しい時期だと思われますが、地元の子供と講師陣との貴重なふれあいの場ですので見学してみるのもありかと思われます。
＊お風呂の時間リストを入り口に出しているので確認して下さい。
＊毎日熱心に取材して下さっている大分合同新聞にこのワークショップが連載されています。それも入り口に張りだしていますので御覧になって下さい。

NEWS topics ＜25日WS＞

8:50~9:00　諸注意
9:00~10:30　公開講座❸　青木茂先生「リファインの手法」
10:30~12:00　公開中間発表（各チーム）

←←←←←2003年、8月25日午前10時0
マリンカルチャーセンターマリンホール風

青木先生の講議。リファイン建築のレクチ
工側からの話、金銭面の話等。身内のレク
あって、会場は和んだ雰囲気で進行された
表を前に、参加者に疲れが見られるのも砕

snap!!

13:00~18:30-------スタディ（各チーム毎）
ディスカッション／制作作業／個別指導
17:00~19:00-----------町民とのトークセッション
19:00~-----------夕食
20:00~-----------自由作業　（orアンコールレクチャー）
21:30~-----------入浴

2003年、8月25日午前11時30分、
マリンカルチャーセンターマリンホール風景→→→

中間講評の様子。それぞれのグループの特色も大分出てきて、いい刺激になっている様です。グループ間で意見交換も行われるようになり、本格的にワークショップは動きだした感じです。

DAILY NEWS snap!!

2003年、8月25日午前11時35分、
←←←←←マリンカルチャーセンターマリ

各グループのサイト出身の方の意見ももら
でに住民と向かい合う様子も普通になって

snap!!

2003年、8月27日午後2時30分～、
←←←←←マリンカルチャーセンターマリンホール

全グループ走り出しています。健康にだけは注意しましょう。
でわ（大原）

J group

丸市尾浦チーム
＜旧名護屋中学校＞　staff 松田／進

「決してただのウケねらいではないのです。
得意技に頼るべからず。
ダメモトでいいじゃん。」

他のグループは終わった中、発表を想像中。

徹夜でネタを考えてます。

オチを考えるのはおしまい。モード変更！

昨晩とは顔つきが違います。

青木茂氏より一言

私のレクチャーを聴講していただき、有り難うございました。設計の手法についてももう少し踏み込んだ話をした方がいいのではないかと思いましたが、再生建築の手法はリファイン建築だけではなく多くの可能性があると思います。今回のワークショップで新しい発見をしてもらえば幸いです。
元江先生が違う物を出したいとおっしゃったことは全く同感です。曽我部先生の建築の領域を広げるという話は大変興味深い物でした。このような時代はあらゆるジャンルに建築的思考が求められている時代だと思います。僕も元気が出ました。松村先生のお話は再生建築の可能性を海外では他用にやっているということが御理解頂けたと思っております。僕もバージョンアップできました。

DAILY NEWS

COLUMN5

スタッフ飲み@おたべ

ワークショップも中間講評を終え、ついに後半戦に突入しました。中日である２５日、青木先生の計らいでスタッフ飲みが実現しました。場所はマリカルからウサギ亭を越えてしばらく行った「おたべ」。すべてが試行錯誤で始まったこのワークショップに精を費やしてきた中でのつかの間の休息とあって、みなさん大変リラックスして飲んでました。青木先生の面白い話から始まり光浦さんの〇〇〇〇〇〇〇が〇〇〇〇で、宇治さんは〇〇〇〇〇〇〇〇〇〇で深川さんが・・で・　・・・・

何はともあれお疲れ様です。残りはあと二日間。がんばりましょう。

DAILY NEWS

DAILY NEWS

番外編

海辺の参加者達

snap!!
海辺で仲良く遊ぶ人たち。

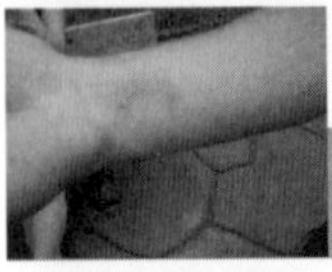
snap!!
「私の蒲江町」と言いながらクラゲにさされた新堀さん。

snap!!
海辺で話し合う人たち。

「蒲江を楽しめ」という青木さんの言葉通り、各班の人たちは外に出て遊びはじめたようです。中日ということで、リラックスした午後を過ごした人も多いようです。

EF group

竹野浦河内チーム
＜旧河内小学校＞ staff 大原／花ケ崎

「中間発表も終わり、今日はちょっと息抜きです。夜にはグループ全員で、サーベイで出会った方の民宿で魚三昧…。図らずも夜のサーベイとなる。」

01 中間発表も終わり

02 海へ

03 山へ

04 民宿へ

せっかく来たんだから、蒲江を十分に感じちゃいました。

GH group

蒲江浦チーム
＜旧蒲江中学校＞ staff 水野／高木

（肩で息をしながら）
…やはり、山頂は遠い…。

商業ネットワークグループによるマッピングデータ解析

観光ネットワークグループの和やかな雰囲気でのグループセッション

学習ネットワークグループによる議論

思考のヒントになるサーヴェイ結果を書き出す

http://www.re-fine.co.jp/kamae

AB group

「昨晩の徹夜が応えたようですね。それにもかかわらず早朝からの調査にも出かけてがんばりました。
昨日の反省を生かして今日は屋根付の東屋でのディスカッションにしました。皆たのもしいぞ！最後までGO！」

白熱する徹夜ミーティング
「差入れのしめ鯖おいしかった。あれで元気が出ました。」（岡村）

爆睡する参加者
「徹夜で眠いです。みんな寝てしまったので何にもできません、、、。」（瀬古）

朝5:30出発で早朝サーベイ。蒲江港へ
「おばあちゃんが素手で魚の仕分けをしていてびっくり。」（加藤）

今日は浜辺のあずまやでディスカッション
「暑い中、議論もヒートアップ！」（西田）

CD group

提案スタディもいよいよ本格的に白熱して来ました。
CDグループは全体で３つの成果を目指します。

話し合い

仲良くなりすぎた！？私たちの班に
遠慮なんてありません。
熱い意見が飛び交いました。

作業

今出ている意見を地域、観光、若者、高齢者という
視点で振り分けてみました。
これによって今後のするべきことが見えてきました。

あおきっく

青木先生のハイキックにより
湯を入れていただきました！

拍手

今日の話し合いはとても白熱していて、盛り上がりはピーク☆　何か起きる度に拍手が起きていました。
※変な集団ではありません

廃校跡地利用／地方都市再生の処方箋

第１回　蒲江町 環境・建築・再生 ワークショップ

問い合わせ：・環境・建築・再生　ワークショップ実行委員会事務局
＠大分（青木茂建築工房内）aokou_o@d3.dion.ne.jp
／tel：097-552-9777／fax: 097-552-9778
・蒲江（かまえ）町役場　まちづくり推進課
〒876-2492　大分県南海部郡蒲江町大字蒲江浦3283
tel: 0972-42-1111／fax: 0972-42-1119

DAILY NEWS

@oita marine culture center　03/8/27発行　v

子供ワークショップ

NEWS

26 火

13:00～元猿海岸にて曽我部先生による子供ワークショップが行われました。砂まみれになりながら、橋、東京タワー、理想の家など思い思いの作品を作っていました。

NEWS topics ＜26日WS＞

9:00~10:30　＜レクチャー＞　曽我部昌史先生　「関係性のデザイン」

2003年、8月26日午前10時00分～、
←←←←←マリンカルチャーセンター
マリンホール風景

曽我部先生は、「関係性のデザイン」をテーマに、「建築家の職能とは」をサブテーマに、御自分の近年の5つのプロジェクトを紹介して下さいました。

DAILY NEWS snap!!

10:30~12:00　＜レクチャー＞　松村秀一　「コンバージョンと団地再生」

2003年、8月24日午前11時00分～、
←←←←←マリンカルチャーセンター
マリンホール風景

松村先生は、「コンバージョンと団地再
マに、海外の団地再生の資料の紹介、こ
築家の働くべきステージはどこであるか
紹介して下さいました。

snap!

＊スタッフ紹介＊

光浦

原島

宇治

七戸

俵

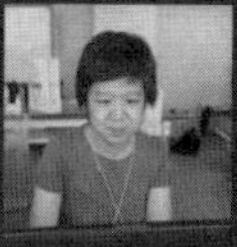

深川

花ヶ崎

松田

進

新名

高木

水野

大原

志岐

いまさらですがスタッフ紹介です。残り２日間がんばっていきましょう！

J group

初めての眉間のしわ。メタレベルの悩み。明日はどっちだ。

昼から海でミーティング

蒲江の海がアイデアをくれます

みんながんばっているのに本江さんはコメント書かずにうさぎ亭

当ワークショップ実行委員長　清家剛氏より一言

２６日は建築家の曽我部さんから人と物と場所のコミュニケーションのデザインについて、東大の松村先生からはコンバージョンについてのお話をしていただいた。どちらも建築という仕事かこれから変わってくることを示唆しており、若い参加者にはよい刺激になったと思う。午後は提案に向けての本格的作業が開始されたが、それぞれグループごとに色がでてきてた。最終案に期待している。

DAILY NEWS

参加者の声

・地元の若者、自分と同世代の方々が、自分の町を熟知していることにショックを受けました。
・町づくりの難しさを肌で感じています。
・午前のレクチャーを１コマ程度にしてもよいのでは…
・サーベイ時間がもう少し欲しいです。
・今まで人間一人単位の暮らし方についてしか学んでかなかったので、村単位の人間のくらしについて考えることがむずかしく思いました。
・非常に内容の濃い毎日で充実しています。
・様々なひとたちと意見を交わせられて、とても貴重な時間をすごせています。
・ただ、ただ、この体験を楽しんでいます。それもこれもstaffをはじめみなさんのがんばりのおかげです。
・浦々のつながりをもっと知りたい。
・このワークショップ後の交流を大切にしたいので、それに対して何か（メールリストとか…）お願いします。
・思っていた以上に自分たちが今やりたい、蒲江を体験したいと思っている気持ちを先生方にくんでいただけてうれしいです。
・蒲江町は、たくさんの可能性を秘め蒲江の方々との交流はとても貴重な体験になっています。
・僕たちが覚えた蒲江語は「わーちょうけー！？」「なにかぁ！？」
・今回はいろんな分野、いろんな年齢の多種多様な参加者が大勢集まりましたが、僕たちＣＤグループで蒲江出身の小戸君の存在はとても大きなものです。

http://www.re-fin.co.jp/kamae

EF group

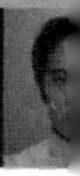

残り時間もわずかにして、最後の山場。議論も白熱してきました。
昨日の魚が効いたか…。

01　アルコールの力も少々借りながら

02　場所も色々変えてみて

03　あつい議論を繰り広げました

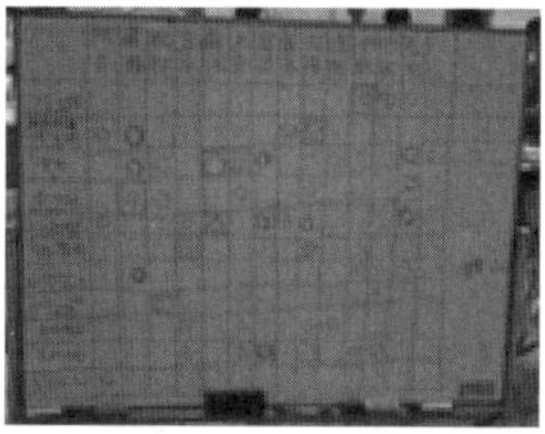

04　担当も決まり、走り出します!?

だんだん気心も知れてきて、議論が深みを増していくのを肌で感じています。いやー、もう少しがんばろっかねー!!

GH group

ソガベ先生のはし袋に
オタク心が燃え上がりました。

商業ネットワークグループによるマッピングデータ解析

観光ネット
クグループの
やかな雰囲
のグループ
ション

学習ネットワークグループによる議論

思考のヒン
なるサーヴ
結果を書き

西野浦チーム

＜旧下入津中学校＞　staff 七戸／深川

たった7日間のワークショップでしたが、みんな団結してがんばりました。我々の提案のように、みんなのつながりが強く長くのこるといいな・・・。

見るより感じてもらいたいです。

神本

発表への意気込み！！

AB group

畑野浦チーム

＜旧上入津中学校＞　staff 宇治／新名

メンバーも一回り成長して、私もP...ACILITATORに昇格（?）できました。ありがとう。みんな。

トップバッターなのでびっくりさせたい　みんなが怖じ気づくくらいに！

三友

発表への意気込み！！

CD group

竹野浦河内チーム

＜旧河内小学校＞　staff 大原／花ケ崎

今日までセーブ気味でしたが、今夜はさすがにパワー全開か?いざ最終日となるとすこし寂しい・・・?

みんな協力してがんばればできるぞー！

秋吉→松村

発表への意気込み！！

EF group

蒲江浦チーム

＜旧蒲江中学校＞　staff 水野／高木

ずーっとマリンホールにいると潜水艦の中みたいで、炎天下のサーベイが太古のイベントみたいで不思議です。

やる気出ます出します出させます。

小山

発表への意気込み！！

GH group

丸市尾浦チーム

＜旧名護屋中学校＞　staff 松田／進

本江　がんばるために
・赤い服を着ろ
・甘いものを食え
・深く息をしろ
・腕をくるくるまわせ
・はなうたをうたえ
・笑え!!!

そんなんチョー無理でも結構それがホントなんすよね。

乙益

発表への意気込み！！

IJ group

廃校跡地利用／地方都市再生の処方箋

第1回　蒲江町 環境・建築・再生 ワークショップ

問い合わせ：・環境・建築・再生　ワークショップ実行委員会事務局
@大分（青木茂建築工房内）aokou_o@d3.dion.ne.jp
／tel：097-552-9777／fax：097-552-9778
・蒲江（かまえ）町役場　まちづくり推進課
〒876-2492　大分県南海部郡蒲江町大字蒲江浦3283
tel：0972-42-1111／fax：0972-42-1119

DAILY NEWS

@oita marine culture center　03/8/28発行　vol.6

NEWS 27 水

「蒲江湘南中学校にてレクチャー」

阿部：コミュニケーションを通して、いろんなクライアントの立場になったり、いろんな仕事を体験できることが建築家の面白さ。
千葉：私が建築家になろうと思ったのは中学生のときでした･･･。模型やスケッチブック。設計のプロセス。

Q　スランプはありませんか？
A　建築の仕事はすごくたくさんの人に会います。スランプは人にあってるうちに忘れちゃうね。（阿部）
Q　これまでの仕事で一番時間がかかったものは?
A　宮城スタジアムで9年ぐらいですね（阿部）
Q　事務所の人数は何人ぐらいですか?
A　スタッフが7人と契約で3人ぐらいです。（千葉）
正規スタッフが8人と、事務系が2人、テンポラリーのスタッフが2人です（曽我部）

校長先生コメント
建築という仕事の楽しさを感じました。また、「コミュニケーション」の大切さを感じました。

感想
難しそうだけど楽しそうに見えた。（中3　阿部美香）
二人とも頭がよさそうだった（中3　小川陽子）
建築の仕事は楽しそうだった（中3　吉田亜莉抄）
大工になりたい。今日の話でいろいろわかって面白かった。（酒井翔平）

↑↑↑↑↑↑↑↑↑↑2003年、8月27日、蒲江湘南中学校にて、中学生へのレクチャー風景。

＊today's　schedule＊

8:50~-------------諸注意
9:00~10:30--------＜公開シンポジウム第一部＞
最終講評会　表彰／講評／閉講式
青木茂・赤川貴雄・阿部仁史・川村健一
鈴木博之・清家剛・曽我部昌史
太記祐一・千葉学・本江正茂・山代悟
12:00~-----------昼食
13:00~14:30-------＜公開シンポジウム第二部＞
基調講演　鈴木博之
14:30~16:00-------＜公開シンポジウム第三部＞
パネルディスカッション
「蒲江町のまちづくり」／「学校跡地利用を考える」
16:00~-----------パーティー
21:30~-----------入浴

NEWS topics ＜27日WS「大詰めです

←←←←←2003年、8月27日午前10時00分
マリンカルチャーセンターマリンホール風景

千葉先生は、集合住宅の話をメインに、なさい
た

snap!!

@2003年、8月27日午前11時00分、
マリンカルチャーセンターマリンホール風景→→→

阿部先生は、10万人都市のお話や、プロジェクトの具体例として、熊本県天草の苓北町のプロジェクトを御紹介されました

DAILY NEWS snap!!

2003年、8月28日午前3時00分~、
←←←←←マリンカルチャーセンター
マリンホール風景

最終日大詰め、みなさん各グループそれぞれ
の発表の仕方を提案されるようなので、明日
みです！。

snap!!

西野浦チーム
＜旧下入津中学校＞　staff 七戸／深川

山代先生コメント

今日は素晴らしいプレゼンができました。（出演したかいがありました）厳しい意見ももらいましたが、我々の言いたかったことが伝わったからこそ、言葉を引き出せたのだと思います。みんな全国に散っていくのですが、それぞれ考えを深めていってくれればと思います。

AB group

筑紫哲也のNEWS23の映像とともにニュースの編集仕立てで始まったAB班のプレゼンテーション。NPO組織「蒲江学校」と、蒲江の人達とのふれあい、逆にそのことが地元の人々に与える喜びを面白く伝えていました。

ワークショップを終えての感想

チーム山代？は、山代さんの第三の力によってスムーズにことが進みました。オーストラリア出身のヤマーさんの出演によってシンポジウムで町長の意見も聞くことができ、よかったと思います。

畑野浦チーム
＜旧上入津中学校＞　staff 宇治／新名

新堀先生コメント

ありがとう。蒲江町。（酔）

CD group

新堀先生を中心にまとまっていたCD班。３つに分かれた提案ではありましたが、中心となったのはマンボウや蒲江時間といった要素を手がかりに地元のものを活かしながら廃校を利用していく提案という意味で共通であったかと思います。

ワークショップを終えての感想

海中サーベイで仲良くなりすぎて、家族にまでなっちゃいました。うちのボス、Pacilitator Shinbori最高！！

竹野浦河内チーム
＜旧河内小学校＞　staff 大原／花ケ崎

赤川先生コメント

徹夜は避けるようにと言いましたがみんなの殺気の前では無力でした。やっぱり・・・

EF group

青木先生の出身地でもある河内地区に提案を行なったEF班。御大師さん信仰や伝説の石といった、この浦ならではのトピックに注目し、それを中心とした住民同士のふれあいと、その拠点となる廃校の再生の提案でした。厳しい意見も飛びましたがこのワークショップの性質をきめる重要な提案だったと思います。

ワークショップを終えての感想

仲良くなるのも、プレゼンが仕上がるのも、のんびり進みました。
噂の”赤川”時間？

蒲江浦チーム
＜旧蒲江中学校＞　staff 水野／高木

太記先生コメント

蒲江についた時は、私も不安いっぱいでしたが、今夜は楽しいお酒が飲めそうです。これもひとえに徹夜で頑張ったグループのみんなの頑張りのたまもの、そしてそれを支えたスタッフの努力のおかげ。どうもありがとう。

GH group

蒲江町の中心でもあり、一番広い敷地のため難しいと囁かれた敷地でしたが他の班とのネットワークも綿密に調査し、蒲江全体に対してこの先の浦と浦とのつながりを促す「うろうろネット」提案をしていました。

ワークショップを終えての感想

とっても楽しかったです。
おいしかったです。
長いようで短かったです。
来てよかった。

丸市尾浦チーム
＜旧名護屋中学校＞　staff 松田／進

本江先生コメント

パスは出しました。
シュートをきめるのは蒲江町のみなさんです。

IJ group

廃校になった5つの学校を１年間をサイクルとして再び機能させる巡回中学を提案したIJ班でしたが、何よりも注目されたのは中間講評でも注目を浴びたプレゼンテーションでした。今回はさらに洗練され、提案内容とからめた笑いを巧みに誘っていました。

ワークショップを終えての感想

初めはみんなが、自分中心かと・・・
でも、俺が中心なのかとも思った。
すべては元江さんと仲間に感謝ー

廃校跡地利用／地方都市再生の処方箋

第１回　蒲江町 環境・建築・再生 ワークショップ

問い合わせ：・環境・建築・再生　ワークショップ実行委員会事務局
＠大分（青木茂建築工房内）aokou_o@d3.dion.ne.jp
／tel：097-552-9777／fax：097-552-9778
・蒲江（かまえ）町役場　まちづくり推進課
〒876-2492　大分県南海部郡蒲江町大字蒲江浦3263
tel：0972-42-1111／fax：0972-42-1119

DAILY NEWS

@oita marine culture center　03/8/29発行　最終号

NEWS 28 木

「最終講評会でプレゼンテーション」

最終日、公開シンポジウムでは、ワークショップの成果を発表しました

↑↑↑↑↑↑↑↑↑↑2003年、8月28日、マリンホールにて、最終講評会風景。提案する側も力がはいる。

＊実行委員長清家先生からの総評＊

実行委員会委員長コメント

ワークショップの成果と行方

２００３年８月２２日、大分県は蒲江町に無事にメンバーが集合して、参加者６８名のワークショップのスタートとなりました。会場となる大分県マリンカルチャーセンターは、海に面した絶好の立地で、快適な時間が過ごせました。ここで感じたことは、「蒲江はいい町である」ということでした。おそらく個人差はあれども、ほとんどの参加者に同様の思いがあると思います。参加者、スタッフ、講師の合計100名近い人間が蒲江を訪れ、この思いを共有できたことは、ワークショップの大きな成果だったといえるでしょう。

蒲江はリアス式海岸の町で、湾とその奥の平地でまとまった「浦」という単位が、この町を構成しています。我々のワークショップの対象も、当初の課題である廃校跡地利用だけにとどまらず、「浦」全体を視野に入れたものとなってきました。廃校跡地も、浦の中で、また蒲江の中で位置づけられた、おもしろい提案になりました。

ワークショップ中には参加者と町の方々との交流も、様々な形で行われました。初日の夜はともに浜鍋を体験し、町をサーベイしたときにはいろいろな方から話を聞くことができました。また、何人かの町の方から多くの参加者を夕食に招いていただき、蒲江のおいしい魚料理を皆が体験することができました。こうした町の方々との交流の思い出ができたことも、成果といえるでしょう。

講師からのレクチャーも、充実したものでした。２４日の午前中は公開ミニシンポジウムとしてで、岡部明子さんと川村健一さんから講義および対談をしていただきましたが、ワークショップ参加者以外に町からも４８名の方が会場に足を運んでいただきました。その中で、蒲江の豊かさを発見することによって、蒲江は蒲江であり続けられるというという、重要なコメントをいただきました。２５日からは公開講座として、さらに５名の方に毎日お話をしていただきました。青木茂氏のリファイン建築の話、曽我部昌史先生のコミュニケーションのきっかけを作るという話、松村秀一先生の建築を考える時代から道路とテレビを考える時代という話、千葉学先生の風景を継承するという話、阿部仁史先生の建築をつくる前と後を考えるという話。これらのお話は、それぞれ自分の専門領域だけでなく、蒲江町や参加者への刺激となるように話題をふくらませていただいたものでした。とても貴重なお話を聞くことができたことを感謝します。

赤川貴雄さん、新堀学さん、太記祐一さん、本江正茂さん、山代悟さんの５名のファシリテータの方々には、参加者が主体的に進めたワークショップの活動を、密にサポートしていただきました。現場で参加者とともに考え、様々な形で気を遣い、進め方の軌道修正などに知力と体力を振り絞っていただき、本当にありがとうございました。

またスタッフの皆様には、寝る時間を削ってまでみんなのサポートをしていただきました。スタッフの活躍なくして、このワークショップは実現しませんでした。ご苦労様でした。また、ありがとうございました。

実行委員長としては、参加者全員が健康で無事にこのワークショップをまっとうできたことを、第１の成果と考えております。また、廃校跡地利用を含む町への提案については、様々な内容が含まれており、目指す方向もそれぞれ違っていて、一概に良い悪いをいえるものではありませんが、何より参加者がそれぞれ全力で取り組んで提案した素晴らしいものだということを評価したいと思います。また、この提案に至るまでに、町役場の方々のご助力をいただき、また町の方々からも多くの支援とご協力をいただきました。このことをもって、ワークショップは成功したのだなと、私は実感しております。

最終日の２８日には、公開シンポジウムが開催され、様々な意見が交わされました。鈴木博之先生の基調講演も、「場所」をキーワードとした大変興味深いものとなりました。これら全体の企画の成果をきっかけに、是非町の方々が自分たちの町の良さを、あるいは蒲江の豊かさを再度発見して、今後の蒲江町を皆さんが考えていくきっかけになればと願っております。

DAILY NEWS

NEWS topics ＜28日WS「お疲れ様です

8:20~--------------諸注意

8:30~11:00---------＜公開シンポジウム　第一部＞

最終講評会「学校跡地利用を考える」

入賞者表彰／講評／閉講式

←←←←←2003年、8月28日午前10時00分
マリンカルチャーセンターマリンホール風景

初日から参加されている参加者、ファシリテー
スタッフをはじめ、続々と加わられた講師陣を
最終成果を発表しました。

snap!!

12:50~13:20ーーーー＜主催者行事＞

子供ワークショップ報告
主催者挨拶　塩月厚信（蒲江町長）
来賓挨拶　日高嘉己（蒲江町議会議長）
長田助勝（大分県議会議員）
荻田征男
（（財）大分県マリンカルチャーセンター館長）
廣瀬正幸（九州電力（株）佐伯営業所長）

13:20~14:20ーーーー＜公開シンポジウム　第二部＞

基調講演　鈴木博之氏

2003年、8月28日午後14時00分、
マリンカルチャーセンターマリンホール風景→→→

鈴木博之先生がはるばる講演をしにいらしてくれました。ワークショップの感想と、２０世紀における場所性と情報、機能性と複合性の対比の議論から蒲江町における複合文化性の重要さを話していただきました。

DAILY NEWS snap!!

14:30~16:00ーーーー＜公開シンポジウム　第三部＞

パネルディスカッション、閉会
「蒲江町の町づくりを考える」
森哲也／鈴木博之／阿部仁史／養父信夫／
山本六郎／青木茂／山本勇／塩月厚信

17:00ーーーーーーー＜「潮」にてパーティー開始＞

2003年、8月28日午後17時00分～、
←←←←←マリンカルチャーセンター
「潮」風景

最終日、いいたかったこと言えなかった
を吐き出すかのごとく、盛り上がった
ち上げでした。
みなさんまた来年！！！

snap!!

ワークショップを終えて

田嶋隆虎……大分県蒲江町まちづくり推進課

「浦の地図」をつくる

蒲江町は昔から漁業が盛んで、今も個人経営の会社でも年商数十億円という人がいます。法人はほとんどないのですが、売り上げ一億円という人もざらで、その代わりコストも相当かかっています。

農業は、単位面積あたりの収穫高はつねに九州のトップ3に入っています。町の生産額の中で占める割合は小さいのですが、個別の農家の収入としては低いほうではなく、専業農家として充分やっていける状況です。米をつくっている人もいますが、園芸作物が圧倒的に多く、地温が高いことを利用してミカン、ビワ、アスパラ、花卉《かき》などの栽培が多く行わ

道沿いに植えられた花

れています。

私は蒲江町が最初の就職先で、いまだにここにいます。今年五月にまちづくり推進課に異動になったのですが、それまでは土木部門を担当していました。まちづくり推進課は企画財政課と観光商工係を合わせたかたちで組織替えをしたもので、できてから三、四年になります。

まちづくりに関しては、蒲江町も外から見えるかたちでけっこうやってきたと思います。たとえば、町内の街角に花が植えられていて、それが何十ヵ所とありますが、これはほとんどボランティアで管理してもらっています。国道、県道、町道が整備されて花壇のスペースをつくると、こちらからお願いし

なくても、うちのグループにやらしてくれと管理を申し込んでくれます。町としては苗や肥料を提供する程度で、ほとんどボランティアでやっていただいています。自治会ではなく、趣味のグループがあって、町もそれを組織化しているわけではなく、年に何回か連絡会みたいなかたちで意見交換の会をもっています。この「花いっぱい運動」は総務省や国土交通省の大臣表彰も受けています。

町内には地域づくりのさまざまなグループがあって、それぞれいろんなことをやっています。たとえば「どげいかせんかい」というグループは、花火や映画祭から始めて、去年の夏、お盆の時期に一晩で五〇〇〇人くらい集まるイベントを地域で主催しました。ほかにも「やっちょにーず」(がんばっているよ、という意味)というグループは海洋文化を勉強しながら、魚の販売をしたり、カラオケ大会をやったりしているし、別の地区ではパソコン教室などをやっているうちに、地区のニュースを発行するようになりました。

そういう動きを見ていて、町として何をやればいいかと考えたとき、もう少し広い範囲で考えられないだろうか、それぞれのグループをうまくネットワークできないか、という思いがあります。しかし、

入津湾

これはなかなか難しい作業で、地区の代表者、蒲江町の場合は区長さんですが、区長会や婦人会、団体の会合というのは行政が提案してとりあえず儀式的にイエスといってもらっているような会議が多いのです。会議でいい意見が出てきて、話し合いをしながら何かををつくりあげていくというシステムにはなかなかなりません。どうしたらそれができるのか、現在、模索している段階です。

その一つとして、二〇〇三年九月以降に、それぞれの浦を点検しようとしています。国土地理院でつくったような地図ではなくて、どこに何がある、そこでは何ができるのかというような「浦の地図」をつくろうというわけです。浦がもっている資源をその地図の中に全部落とすという作業をすべての浦でやって、将来の地域構想をつくっていきたいと考えているところです。とりあえず三月を目途にスタートして、重点的なところを二、三やってみて、次年度にそれを本格的なものにしたいと考えています。

ワークショップの準備に一人突っ走る

ワークショップについて、以前からまちづくりにはこういうやり方もあるなと意識はしていました。

蒲江町では二〇〇二年九月頃から中学校の跡地利用について考えてきたのですが、町の中だけで考えることはある意味で限界があると思ってました。それを破るにはいろんな方法があると思いますが、外部の若い人に議論してもらうと意外とわかりやすいのかなと思っていました。しかし、いざやるとなると仕掛けがたいへんです。たまたま今回、青木茂さんに協力していただけることになり、やってみようかな、ということになったわけです。

今回のワークショップは行政の中での新しい仕事で、しかも予算がないところからスタートしているので、最後の一週間になるまで役場の中では九五％一人でやっていたかなという気がします。「どうしてよそから人を連れてこないといけんのか」という反発もありましたし、「なぜ蒲江町でそういうことをやるのか」という意見もありました。個別に話するとみんな賛成してくれるのですが、一緒にやろうとすると、それぞれ一年分の業務をもっているわけです。新しい業務にたいしては、蒲江町だけでなくどこの町でもそういう反応が出てくると思います。逆にいえば、私はこの三ヵ月間、課の仕事を何もしていない、課の職員が私の通常の事務を全面的にサポートしてくれたともいえるわけです。

会場内でのワークショップ風景

今回、この仕事を始めるときに思ったことは、ワークショップの期間が終わるまでに次のステップが踏み出せるような受け皿をつくりたいと思ったのですが、そこまではとてもいきませんでした。

塩月町長は二〇〇三年四月に就任したのですが、合併まで残り二年しかないので、公約をかかげないというのが公約でした。今までの田舎の首長というのは国からいくら、県からいくらお金をもらった、何をつくったと自慢し合うのが首長体質で、議員にしても自分の地区に何をつくったというのが誇りです。以前から町長と話していることは、合併までの二年間ではそういうことをやっている時間がないから、ソフト重視、人づくりをやっていこう、と。それにつながることが何かできないかとつねづね思っていました。

ワークショップのようなことは勢いでやらなければできないと経験上わかっていましたから、とりあえず前に突っ走る。途中でいろいろ相談していたらダメになると思っていたので少々強引な方法でやりすぎて、後になってたいへんでした。ただ、突っ走らないとできなかったこともたしかですし、あとは町民のみなさんが判断することだと思っています。

今回の合併について、合併したらできないことを

蒲江港。向かいは市場

今のうちにやろう。少々のことは借金をしてでもつくってしまおう、そういうことを一生懸命やるのがこの二年間だというふうに考えている首長さんがずいぶんいると思います。しかし、それは結果的に負債を後に残すことになり、次に何かができる可能性を排除してしまうことになる。そうではなくて、その間に何をどうしたらいいかということを一所懸命考えることのほうが大事なんだと考えて、それに時間をかけたらいいのかな、と思っています。

実際、今までのシステムに乗ってやっても本当にいい物はできないと思っているし、新しい方法でやろうとすると時間がかかります。考えているだけで結局何もしないで終わるということもあるかもしれませんが、それがうまくいかなければ町民が立ち上がってこれをつくれということでしょうから、それまでは大丈夫かな、と思っています。

浦がもつ遺伝子

「浦」にはみなさんが思っている以上に強い地域性があります。今は意識的に浦といっていますが、浦という意識はじつは新しい概念で、入江を中心として持続的に形成された半農半漁の集落のことです。それはたとえば神社ごとに祭りをするのが一つの単位かなという感じがします。そしてその単位ごとに共通の遺伝子をもっているというような感じなんです。

今のようにどの家でも車があれば別ですが、昔は船は金がかかるからみんながもっているというわけではないし、他の集落へ行くには基本的には山越えでした。よほどの用事がないと山を越えないわけです。浦の中ですべてが収束していましたから、隣の浦とは言葉が違うほどでした。もちろん、そんなに極端に違うわけではないのですが、単語自体が違う。たとえば「マガキガイ」という巻き貝の呼び名が、サムライギッチョ、ナンマイド、ハシリナ、チャンバラ、カマポッポ、ハシリンド、キリアイというふうです。

葬儀一つにしても、友引の考え方が違うんです。ある地区では友引の日はいっさい何もしてはいけない。その家にも近づいてはいけない、というところもある。別の地区では葬式はしてはいけないけれども、他のことはしていいというところがあったり、これはいいけれど、これはダメと浦ごとに違う。そのくらい、浦というのは閉鎖的な空間で、文化が違うんです。よその地区、浦の者同士が結婚するというのもせいぜい昭和三〇年代後半からです。四〇年代、五〇年代になってやっと町外に広がったという感じです。

シンポジウム

ワークショップ会場から見る海の風景

四ヵ町村が合併して今の蒲江町になったのは昭和三〇年、それ以前は明治時代に法律が整備されてできた村があり、その前の江戸期からつながる村というのは浦の中のもっと小さな集落です。

戦後になって新しい中学校制度ができましたが、その前の尋常小学校制度は村の行政単位ごとにあって、それが今まで続いていました。蒲江町は昭和の合併から五〇年経ってもそういう状況で、子どもは自分の浦の小学校を卒業すると旧行政村の中学校を出て、高校生になって佐伯市に行くという流れの中で、一つのまちを意識するというかたちでした。たとえば蒲江町でも中学生同士、小学生の年齢でよその学校と知り合うなんてことはほとんどありませんでした。蒲江町はそういう地形なんです。それはそう簡単に変わるものではないと私は思っています。

シンポジウムで基調講演をしていただいた鈴木博之先生と話をする機会があったのですが、たとえば私たちの世代では「蒲江はいいところだ」という意識をもっている人たちが比較的増えていますが、私たちが子どもの頃、親は蒲江がいいところだなんてけっしていいませんでした。親世代が子どもにたいして「こういう田舎の暮らしもいいもんじゃ」という人が出てきたのは、この一〇年くらいのことではないかと思います。うちの子どもも「ここがいい」といっています。

東京と比較することもなくなったし、交通がかなり便利になったから、機会は少ないけれど、子どもでも大人でも行こうと思えばけっこう気安く東京に行くことができる。そうなってくると、昔みたいにテレビや雑誌のイメージだけではなくて、自分らの目で東京を見ると、蒲江のよさが意外とわかってきたのかなという気がします。

やっと最近、リタイアした人がUターンしてくるケースも数は少ないけれど出てきました。蒲江町から東京や大阪に行き始めたのは戦後、昭和三〇年代からですが、その世代が今、戻ってくる時代になっているのではないでしょうか。帰れば土地はなんとかなるから、家だけ建てれば後は暮らしていける。帰る家がない人はそんなに多くはないんです。たいがい兄弟の一人や二人、あるいは親がいますから、家がない人のほうがまれです。

しかし、外から来て家がない人の定住は難しいかもしれません。そうなると、誰かが世話をしないと土地一つ探すのも難しい状況です。空き家はゴロゴロあるのですが、しかし、蒲江は人に家を貸すという習慣がないので、「親戚の子どもが結婚するから一時貸してくれんか」というのはスムーズにいくけれど、まったく外部の人が来て「一年貸してくれ」といっても難しいと思います。

ワークショップ会場にほど近い元猿海岸

参加者たちがニコニコして帰ったのが印象的

ワークショップではそれぞれの浦の比較をやっていましたが、それを地元の人がやるとケンカの材料を提供するようなもので、あそこの浦がどうしてそんなにいいか、という反応になるのではないでしょうか。しかし、見方を変えれば、外からはそういうふうに見えるんだということを、私たちは素直に受け入れないといけないと思います。

地元の人のワークショップの参加者はほぼ予想どおりでした。これからの情報の発信の仕方として、小出しにすることが大事かな、という気がしています。ワークショップの成果をみんなの見えるところにバーッと張り出したら、変なところに関心が行くし、都合のいいところだけ都合のいいように見られたりもするので、説明したり、一緒に考えながら情報を扱っていったほうがいいのかなという気がしています。

青木さんたちはやる以上は三回くらいやらないとだめだろうという考えですが、行政の立場としては三年先の予算を使うような話はできません。私どもはたしかに蒲江町に来ていただいて、いろいろ調査していただいたり、ご提案していただくことは大歓迎というか、本当にお願いしたいなと思っているけれども、今回私もいろいろ勉強させていただきましたので、一年に一度ぽーんとやるようなことではなくて、とりあえず次に考えることは同じようなやり方ではなく、何人かと協議をしながら、もう少し小さなことからやっていきたいと思っています。

幸い、私の目にはワークショップの参加者たちがみんなニコニコして帰ったように見えたので、それだけでも大成功だなと思っています。ホームページを見た人だけでも相当な数いるわけですし、来てくださった方々が帰られてからも口コミで広げてくれると蒲江町の観光につながるでしょうし、それは測り知れないものがあります。

参加者とそれほど多く話したわけではないのですが、なんとなくいい人が集まった、思っていたような人たちが集まってくれたなあと思いました。先生方ともいろいろ話ができて、こういう方々が蒲江に来てくれたんだと感激しました。もちろん、青木さんたちのご助力でできたわけですが、うまいチャンネルがあれば蒲江でもこういうことができるという自信になりました。

ワークショップというかたちでなくても、蒲江町だけでなく全国のいろんな町や村にそういうチャンスがあるということは大きな意味があると思います。今回のことが起爆剤になるのか、ならないのか、とりあえずそれを点検して、仲間をつくっていくことがこれからの課題だと思います。今は、みなさん、遠いところをよくまあ来てくださったなあ、と感謝しています。

海沿いの作業場風景

合併をどう迎えるか

私は今回の市町村合併に関しては否定的な考え方はしていません。人の合理化があったり、サービスについてもある程度合理化しなければいけないところも出てくるでしょうが、それほど市民生活に大きな影響が出てくるとは思えません。行政が市民生活に密着していればいるほど、いくら行政区域が変わっても急激に変更することはできないと思うからです。むしろ、チャンスのほうが多いかなという気がしています。

じつは個人的には合併に期待しているところもあります。蒲江くらいの町の単位だと、今の選挙制度は本当にいいかたちで使われないのではないかと思っています。有権者と選ばれた人が近すぎるのは必ずしもいい状況ではなく、行政を実行していく弊害にもなっています。たとえば蒲江の場合、浦々に特性があるといえば格好いいのですが、浦々のエゴを順番に納得させていったのが今の政治だともいえます。もっと大きな市になれば少なくともそれは断ち切られる。すると初めて浦々の人たちが自立していく道を考えると思う。そのいいチャンスだと思うのです。今ならまだ間に合う。これが一〇年経ったら、高齢化がもっと進んで立ち上がる人がいなくなる。ギリギリのタイミングだなと思っています。たとえば、九の市町村が一つになるわけですから、今までのようなバラまき方をしていてはとてもできないので、同じような施設は「市」に一つあればいいよ、という話になると思うのです。浦々や、あるいは蒲江町が自分たちで自立しようという動きが出てこない限りは、行政にも取り合ってもらえなくなります。

田島隆虎（たしま　たかとら）

蒲江町楠本浦生まれ。一九七八年蒲江町役場に就職、以後土木畑に二五年間在職。この間、町総合計画、過疎計画、地方道路整備計画、漁港海岸整備計画等に携わる。二〇〇三年、まちづくり畑に移動し現在に至る。

中学校統合による五校の廃校跡地利用計画担当特命参事として、旧蒲江中学校跡地に建設する「まちの駅かまえ」および町民五六名が発起人に名を連ねた第三セクター株式会社かまえ町総合物産サービスの立ち上げなどに携わる。

少なくともある程度のインフラはすでにあるわけですし、多くの蒲江の人は高校だって、病院だって、買い物だって佐伯市に行っているんです。だから合併の話もわりあいスムーズに進んでいるわけです。ですから、今回の合併は単に行政の枠組みが変わるだけで、文化まで急に変わってしまうことはあり得ないと思っています。

合併しても蒲江のことを連続して考える人がいなければ、行政は何もできません。今までは、私は町民だといいながらも職員として見られていたから、別の課が担当している仕事に口を出すということはできませんでした。大きな市になれば、私も一市民として蒲江に関わることができる。そういう意味でもチャンスだと思っています。

私たちにできることと、できないことがあって、今回のようなワークショップは私たちだけでは難しいかもしれません。しかし、まちづくりはいろんなかたちでやっていく必要があると思うので、今回のようなかたちがいいのか、別のかたちがいいのか考えて、その中でできることをやるしかない。

みんな花火は好きですが、花火のようにパッと終わらないようにする、それが私たちのこれからの仕事です。

蒲江町案内

清家隆仁……大分県蒲江町教育委員会主幹・町史編纂室
聞き手・青木 茂・光浦高史……青木茂建築工房

漁師町・蒲江は、かつて陸の孤島だった

青木●今日は、蒲江で生まれ育って、一度は蒲江を離れたけど今はまた蒲江で暮らしている清家さんと、蒲江で生まれ育ち、今は都市部で暮らしているぼくと、今回のワークショップで初めて蒲江を訪れた光浦君と、それぞれ立場の違う三人で蒲江の地域性について話したいと思います。

蒲江というまちは全国的にはまったく知名度が低くて、ぼくはふるさとのことを聞かれて困ることがあるんだけど、清家さんはどんなところが蒲江町の特徴だと思いますか?

入津湾と仙崎山

清家●出張などで関東に行ったときには、蒲江町の位置をよく訪ねられます。大分県といえば別府しか知られていないんですね。だから「大分県の最南端で宮崎県に隣接するまち」と説明するようにしています。地形的にはリアス式海岸に面していることが蒲江の一番の特徴だと思います。

蒲江に人を案内するとき、峠越えの道のほうが便利なものですから、車でどんどん山の中へと入っていくと、「蒲江は漁師町のはずなのにどこに連れていくんだ?」と不思議がられる(笑)。おそらく関東の人は海に面したまちというと、外房や内房のような穏やかな浜辺をイメージするのでしょうが、蒲

江はまったく違います。実際に蒲江を訪れてみると、平野部がほとんどない。山が海に迫っているのを目の当たりにして、リアス式海岸とはこういうところかと驚かれます。
また海岸線には堤防もなく、道路の片側はすぐに海になっている。「家のそばで魚釣りができるなんて珍しい」といわれます。住んでいる自分たちは気づかないけど、そんなところも特徴のようですね。
青木●ぼくは蒲江町出身だから、外から来た人の印象は実感としてわからないけど、首都圏の川崎出身の光浦君はどうですか？　蒲江を初めて訪れたときの印象は。
光浦●清家さんの話のとおりで、まず蒲江に来て一番びっくりしたのは、山が海に突っ込んでいるところです（笑）。日本昔話のアニメで見たことのあるような風景で、あれはデフォルメされた景色だと思っていたら、ホントにこうなってるところがあったのかとめちゃくちゃ驚きました。なんとか車が通れるような道はあるけれど、道路の海側にはガードレールがない！「うわっ！先生、ここスゴイですね」って。見たことない風景に触れてしまったから、ワクワクして、ワークショップの仕事にものめり込んでいった（笑）。それくらいに面白かったですね。

蒲江湾と屋形島全景

青木●でも、今は道がよくなったから、これでもだいぶ変わってきたほうなんだよ。
清家●戦前までの蒲江の主な交通手段は船でした。陸路はほとんどなく、バスも一日数便。中心地の蒲江浦にはバスさえ通っていない、山に囲まれた陸の孤島だったようです。
光浦●そんな陸の孤島のような場所で、住んでいる人はどんな暮らしをしていたんですか？
清家●海岸線が入り組んでいるため、いろんな人たちが住んでいて、いろんな漁舟や漁法がある、バラエティーに富んだまちでした。漁師町だから、みんなが漁で生活しているんじゃないかと思われるけれど、半分は漁師をしながら農業を営む、いわゆる半農半漁。さらに残りの半分は出稼ぎで、ナバ（しいたけ）や炭焼きなどの山仕事に出かけていっていました。
そんな昔ながらの暮らしが壊れ始めたのが昭和三〇年代半ばから始まった高度経済成長期です。賃金単価のいい土木工事などの仕事を求めて、全国各地に出稼ぎに出ていくようになりました。こうした生活形態の変化は漁業の浮き沈みとも微妙な相関関係をもっています。この頃、魚が捕れなくなったことから養殖が増えました。海の汚れや、魚の回遊海域

養殖筏

が変わったことが原因だと考えられています。

かつての蒲江はイワシ漁で栄えていました。過去をたどってみると、イワシは生ではなく、煮て、干して、圧縮して、肥料にして出していたようです。今は活魚に氷を打って鮮魚として出しているけれど、昔は輸送手段がありませんでした。水揚げしてから消費地に届くまでに時間がかかるため、干し物や塩漬け、削り節などに加工しないと商品にならなかったのです。明治から昭和初めにかけて、蒲江の一〇〇軒ほどの網方はみんな家内工業で削り節の原材料をつくっていました。それを地元の海鮮問屋が買い集めて、尾道や広島、大阪、瀬戸内海へと持っていきました。

青木●削り節の原材料がそこで加工されて製品になったわけだ。

清家●そうです。今でも削り節は四国の伊豫市などで盛んですね。削り節の原材料を運び、向こうで加工した製品を今度はこちらに船で運んでくる。さらに帰りにお米なども仕入れてくるんです。青木さんの生まれた竹野浦河内や西野浦でも、自分たちが食えるほどのお米はつくれませんでした。田んぼは蒲江浦、畑野浦、波当津浦などに点々とあるだけ。典型的なリアス式海岸の入り組んだ入江だから、そんなに人もいなかったんです。

深島

光浦●人口はどのくらいだったのですか?

清家●江戸初期は五〇~六〇軒しかなかったそうです。戦後、急速に人口が増加して、一時は一万八〇〇〇人に達したこともあったのですが、それをピークにだんだん少なくなり、現在は約三〇〇〇世帯九〇〇〇人です。それにしても一万人を切るのは予想したより早かったなあ。

光浦●ピークはいつ頃ですか?

清家●戦後のベビーブーム世代が成人になった頃だから、昭和三〇年代に蒲江が真珠で沸いた頃ですね。

青木●ぼくが高校に入るか入らないかの頃だね。

清家●子どもが増えても、地元に仕事をする場所があった時代でした。蒲江で真珠の養殖を大々的にやり始めたのが昭和二〇年代後半で、もちろん今も続いているけれど、やはり昭和三〇年代がピークです。その後、真珠は暴落して、小さい企業は吸収され、淘汰されていきました。地元で働く場所もなくなっていったわけです。昭和五〇年代半ばに生まれた私の子どもが一五歳で町外の高校に入学して出ていった頃だから、平成になってからですか。中学校の一学年は百数十人ですが、卒業生の多くがまちを出ていく。その頃からどんどん蒲江の人口は減っていきましたね。

光浦　今回のワークショップでは、廃校となった五つの中学校がテーマとなったわけですが、背景にはそんな歴史があったのですね。

浦々で人柄も、顔も違う

青木●ところで、今回ワークショップを進めるなかで「浦」という言葉がよく出てきたんだけど、清家さんは「浦」の役割や特徴をどう見ていますか。

清家●「浦」は今も昔も生活共同体という意味合いがものすごく強いんです。それはほとんどの浦が何百年かの歴史をもっているからです。ただし蒲江に住みついたのは移住の民であろうと考えられるので、何千年もの歴史はないようですね。

　たとえば蒲江浦に住む住民の祖先は、「七軒株」をもって紀州（和歌山県）熊野の三山の分霊を奉じてきたと伝承されています。その七軒株が、今は蒲江浦の王子神社に祖先の神として奉られているんです。時代としては西暦八二五年、平安時代です。おそらく紀州から魚を追ってきたのではないかと思われます。

西野浦の神社

西野浦

　陸路のない隔絶された場所でありながら、リアス式海岸で船を泊めやすい地形であったことが、さまざまな移住の民を引き寄せた要因だろうと思います。ほかにも、畑野浦には四国の長宗我部の伝承があるし、西野浦の神社には新田義貞の伝承があります。瀬戸内から多くの人が蒲江に流れてきたんだろうと思います。

光浦●今、いくつか浦の名前が出てきましたが、蒲江にはたくさんの浦がありますね。

清家●主だった浦としては、北から、尾浦、畑野浦、楠本浦、西野浦、竹野浦河内、蒲江浦、猪串浦、森崎浦、野々河内浦、丸市尾浦、葛原浦、波当津浦、と一二の浦があります。

光浦●ワークショップのときに感じたのですが、それぞれの浦で人柄とか顔立ちがけっこう違うような気がするんですけど。

清家●そのとおりです。おそらくそれぞれの浦で、移住してきた歴史的な経緯が違うことが原因ではないかと思いますが、住んでいる人たちの気質が違いますね。

青木●北のほうから順に解説してもらえますか。

清家●一番北の気性の荒い尾浦という地区は、百姓一揆の「所替え」の人たちが祖先です。「所替え」とは、隣の直川村など山間部の人たちが江戸文化年間の百姓一揆の刑罰として、強制的に移住させられたことをいいます。いわゆる島流しのようなものです。蒲江の深島に行った連中もおり、その一部が尾浦に入りました。一揆を企てたためにお上に罰せられたわけですが、逆にいえば、リーダー的な気質を備えた精神的にも強い民であったろうと思われます。現在の気性の荒さも、ここに起因しているのではないでしょうか。この所替えの人々とは別に、漁場を求めて畑野浦から移動してきた人々も現在は尾浦で暮らしているのですが、その気性はまったく異なるようです。

入津湾に入って最初の村が畑野浦です。ここには畑もあり、蒲江では三番目に大きい集落です。長い歴史をもっていて、大きさは西野浦のほうが大きいけれど、入津湾では中心的な集落になっています。ここの気質は面白いですね。

青木●商売人が多いですよね。

清家●うん。生存競争が激しいというか、一筋縄ではいかない人が多いようです。賢い人もいるし、商売のうまい人とか、お金持ちもいて、特徴的です。入津湾でもちょっと違う気質をもっていますね。

その次の楠本浦に入ってくると、竹野浦河内と似ています。というのは、生計を立てている仕事が似ているんです。両地区とも内海の湾しかないので、湾の内側で地引網などを使い、ちょこっと魚を捕るぐらいで本格的な漁業はしません。畑も海もあまりないので昔から出稼ぎが中心です。楠本浦は炭焼き、竹野浦河内は炭坑の支柱となる木材を切り出す山仕事などをやっていました。出稼ぎは九州管内で、宮崎、鹿児島が多かったようです。県内なら隣の宇目町でナバの栽培です。宇目町の今の町長さんは蒲江出身ですが、明治の頃から出稼ぎに出て、戦後定住した人が多いようです。

西野浦と下入津中学校

畑野浦と旧上入津中学校

竹野浦河内は内海に面していたので漁はほとんどできませんでした。北に向いた入江と南に向いた入江があり、北側の集落のほうが発祥で、通称ジゲと呼ばれています。ジゲから山を越えて南側の元高山（元猿海岸、高山海岸）へ出稼ぎに行き、漁が終わったらまた帰るという暮らしをしていました。当時、元高山ではイワシやハマチ、マグロの大きなものが捕れるほどの漁獲があり、昭和三〇年までは地引網を行っていました。漁場には、番小屋ぐらいはあったと思われ、いっそのことここで漁を、という連中が元高山に定住していったようです。今、漁法は地引網から定置網へと変わっています。

青木●ぼくは竹野浦河内の生まれですが、子どもの頃の記憶によると、元高山って住むにはたいへんなところだったように思う。

清家●今は潅漑で水を引いているけれど、昔は水がないところでしたからね。

青木●水もないし、今は堤防があるけど、南に開いてるから台風のときは、もう、ハワイみたいに大波が来る（笑）。波に乗るのが面白くて、それでも泳ぎに行ってましたよ。中学校の校区でいうと竹野浦河内のジゲと元高山は同じ校区でしたね。

清家●ジゲの人は漁師とは少し感じが違いますね。元高山の人は漁師だから若干気質が違って、山人と海人の感覚の違いみたいなものがあります。

西野浦は蒲江浦に若干似ています。入津湾の中では蒲江浦と同じ漁師町だからでしょう。今でも一番漁師が多い地域です。ヒラメやハマチの養殖を手がけている人も多く、棒受網漁を行っていました。入津湾の中では地引網を引く頭数も多かったようです。入津湾から外海に出て棒受網でイワシを捕っていたと思われます。西野浦は養殖が主ですが潜水漁もやっています。漁場が一緒なので共同で仕事をするところもあるだろうし、わりとまとまりがあり、集落の組織もきっちりしてますね。人当たりはものすごくいい地区で、自分たちの権利意識がきっちりしています。表にはあまり出さないけれど、理詰めで、やることはきっちりやるタイプです。畑野浦の入津湾の北に面するほうの人は、いうことはいうんだけど、あまり実行が伴わない……というところがあります。南と北では全然違う。一般的に蒲江では南下するほど人はよくなるようです。

竹野浦河内と旧河内中学校

元猿湾

青木●竹野浦河内は主張したくてもしないんです。出稼ぎに行って金をきちっと貯めて、余分な出費をしないように確実に貯金する。西野浦の人は外海で漁をするからチャレンジ精神が強くて、よそで成功してる人が多いよね。

清家●そうですね。大阪で演歌歌手としてがんばってる洲本昌邦さんなども西野浦の出身ですね。

青木●ぼくはよその浦に行くと「竹野浦河内の人間でお前みたいなんがおるんかい」ってよくいわれた。すごい変わり種みたい（笑）。

清家●そして蒲江浦。蒲江浦は大きいけれど、変に都市化していて、分業化しているから、ある意味であまりまとまりのない集落です。自分の住んでる所だけどあまり好きではありません。中心になって働いてほしい人たちがあまり働いてくれない……。いい人はいいけれど、残念ながらいろいろな面で全体的なレベルが低いような気がします。何もないといえば、何もないですね。竹野浦河内と違って一年中同じ場所で暮らしているから、儲けるのも儲けるけど、使うのも使うという感じで、みんなに分け与えて集落全体の生活レベルを高くしようというような気概はあまり感じられません。

青木●そうそう、そういえばうちの集落ってね、学校の先生が多いんだよ。

清家●竹野浦河内に帰っても仕事がないから、子どもにはちゃんと生活できるようにと教育するんでしょうね。その点、蒲江浦は他の地域と違って、漁場から加工場まで集落内にあって、漁業でそこそこ稼げて生活できるんです。養殖をやっている家ならば、子どもたちにも「後継げばいいやねえか」という感覚でしょう。だから蒲江浦には二代目三代目が多いですね。

　蒲江浦の南隣が猪串浦と森崎浦ですが、ここは海岸に面していて、一時期真珠の養殖が盛んでした。ミカンなど柑橘類をつくる山や畑のほうが多い地域だったので、漁業自体はあまり盛んではありません。多少地引網をやったり、深島のほうに漁に出ることもあったようですが、沿岸のちょっとした漁業だけでした。真珠養殖を行ったことから昭和二〇～三〇年代にけっこう儲けて貯めてる人もいると聞きます。野々河内浦はとくにそうだけど、今は柿の栽培をやってる人が多く、農業が中心です。

蒲江浦

猪串浦

　そしてもっとも南に位置する丸市尾浦、葛原浦、波当津浦には地引がありました。三ヵ所とも砂浜があり、磯よりも地引網や定置網が主で、蒲江浦の巾着漁のような漁業形態には移行しませんでした。今、漁業はほとんどなくて、水田で早期米をつくったり、柿の栽培等を行ってます。このあたりは旧名護屋村になるんですが、気性は蒲江町の中でも穏やかで人当たりはものすごくいい。また文化的レベルが高く、民俗的に見ても芸能が面白いんです。

青木●浦同士、まったく違うところもあれば、どこか似通ったところもあって、それがまた面白い。

清家●そうなんです。蒲江では、半島とか湾が一つの文化圏を形成しています。猪串浦と野々河内浦、森崎浦は一つの文化圏になっています。蒲江は語尾に「のぅ」を使うのですが、この地域では「け」を使います。そして一人称の「私」という言い方が集落によって違うんです。特徴的なものとして、畑野浦は「あなた」を「ぬし」といい、森崎浦などでは自分のことを「だー」といいます。

　文化的には畑野浦と尾浦方面、そして楠本浦と竹野浦河内がそれぞれ似通っています。ただし過去に西野浦は畑野浦と漁業権をめぐって高裁まで争った経緯があるので、同じ入津湾の中でも仲がいいようであまりよくはありません。

行政区は畑野浦と楠本浦と尾浦を一つにして上（かみ）と呼び、下（しも）が西野浦と竹野浦河内。そして蒲江浦と猪串浦。野々河内浦から森崎浦、県境の波当津浦までをそれぞれ一つの行政区として、昭和の大合併の前は四ヵ町村となっていました。中学校があったのが丸市尾浦、蒲江浦、竹野浦河内、西野浦、畑野浦です。そしてずいぶん前、廃校になったけれど深島にも一校ありましたね。お宮の関係でいうと蒲江浦の王子神社が丸市尾浦を除いて西野浦まで全部支配してるので、文化的には似てるところもありますね。

青木●神楽も浦ごとに違う神楽があって、子どもの頃、ぼくも踊っていた。

光浦●へえ、そうなんですか。

清家●神楽は、昔は、蒲江浦の王子神社だけがもっていて、他の浦にはありませんでした。しかし森崎浦は隣の宮崎県日向から神楽を習い、野々河内浦は森崎浦から習い、結局、丸市尾浦を含めた三地域が日向の神楽を伝えています。葛原浦は丸市尾浦の神楽にしようか蒲江浦の神楽にしようかと迷ったあげく、大野郡清川村から御嶽流の豊後神楽を習いました。そして一番端の波当津浦は、たまたま佐伯から来た神主が小学校の教壇に立っていたことから佐伯神楽になりました。

森崎浦、上方は名護屋湾

葛原浦

つまり、一番端の波当津と畑野浦が佐伯神楽。そして葛原浦の御嶽流岩戸神楽があり、日向系岩戸神楽が丸市尾浦、森崎浦、野々河内浦の三社あって、蒲江浦、屋形島、蒲江浦河内、西野浦、楠本浦、竹野浦河内の六社が佐伯神楽から分派した佐伯系採物神楽というわけで、蒲江には一二座の神楽があるんです。大分県内でもっとも神楽の盛んな庄内町にも一二座あるけれど一派です。ここは一二座で四派だからちょっと特異ですね。

そんなふうに神楽にしても、踊りにしても、浦々によってまったく異なります。入ってきたルーツの違いが、それぞれの浦の民俗的な違いとなって顕著に表れているからだと思われます。ある先生が「蒲江は文化がとどまるところ」だといっていました。入ってきた文化がここでとまって他に出ていかないんです。

青木●最終地点……、いわば終着駅だね。

清家●まさに終着駅です。だから民俗的にも面白いんです。

「ちんとぎ」という社交場

青木●浦ごとの特徴や性格の違いが少しわかってきたと思うけれど、その根底には濃厚な人間関係が基本としてある。それは、共同体を維持していくうえで必要なんだろうけれど、反面、濃厚すぎて、うっとうしさを感じることもある。そこまでプライバシーに入り込まないでくれよ、といいたくなるような……。

光浦●ワークショップで一週間ほど蒲江に滞在しましたけれど、それくらいの期間では、そこまで感じることはなかったですね。

青木●住んでみると、若い人にとってそういう人間関係はちょっと辛いんじゃないかと思うけど。

清家●私はもう若くはないですけど、うっとうしく感じることがありますよ。蒲江では水産加工の女性たちを「ちんとぎ」というんです。これがいわゆる社交場なんですね。コミュニケーションがとれていいんだけど、いろんなことにすぐに尾ひれがついて伝わる（笑）。やばいなと思うことがあります。それと、私は自分ではけっこう喋るほうだと思うのですが、それでも「人と会ってもものをゆわん」とか「挨拶しない」とかいわれます。用事もないのに、会う人、会う人に話しかけるなんて、ふつうはしないですよね（笑）。

波当津浦

波当津浦王子神社秋祭り

青木●「挨拶をしない」というのは、ただ「おはようございます」というんじゃなくて、「最近どうかえ」と話しかけたり、「自分はこの頃こうこうで」と近況報告をもっとしなさい、ということなんだよ（笑）。

清家●そういうことなんでしょうね。風土的にいえば、私はまだまだコミュニケーションが足らんと。蒲江にUターンして帰ってきたとき、とくにそういわれましたね。しかも私も若かったから、いいたいことをいうでしょう？　そうしたら、あいつは鼻にかけてとか、何とか、かんとかって、うるさいうるさい。

光浦●そっかー、蒲江ではそんなこともいわれるんですね（笑）。

清家●いわれるよ、職場で。直接はいわないけど周りから耳に入ってくる。

青木●都会では何かまずいことをしてもそれが直接自分の耳には入らずに、突然仕事を切られたり、つきあいがなくなったりして「ああ、嫌われとったんや」ってわかる。ところが蒲江では、それが全部耳に入ってくる。投げた玉がワンクッションして違う角度から返ってくるみたいに、「お前、あいつにこげえゆうたろが。怒りよったど」って（笑）。

清家●それも、蒲江の文化というか、風土なんですね。

青木●だから、蒲江では相手の考えてることがよくわかるんだ。喜怒哀楽がはっきりしている。そうしないと狭いから生きていけない、ってね。ぼくはそれがふつうだと思っていたから、都会に出て人づきあいをしていくなかで、マイナスになったこともあります。仕事をするうえで、キチッと注意したり、こうやったほうがいいよ、とちゃんといってあげるのが親切だとぼくは思っていたんだけれど、それが蒲江以外の場所では通用しないということが、この歳になってやっとわかってきた（笑）。

光浦●蒲江の人は南国らしくおおらかだなと最初は思っていたけれど、実際にワークショップでおつきあいしてみると、いろんなタイプの方がいるんですね。みんないうことが違うし、仲がよかったり悪かったり。でも、やっぱり根底のところでは強い仲間意識のようなものを感じます。そういう仲間意識というか固い結びつきは、ぼくら都会育ちの人間には絶対にもてないものだから、初めてそれに触れた衝撃は本当に大きかったですね。

丸市尾浦冨尾神社秋祭り

蒲江浦王子神社十日戎祭り

清家●たしかに、外から見ると横の結びつきは強く感じるでしょうね。とくに私は郷土史を研究しているという仕事の関係もあると思うけれど、北の尾浦から南の波当津まで、どこに誰が住んでるかほとんど知っていて、行けば必ず声をかけられるという感じです。それが日常茶飯事だからなんとも思わないけれど、外の人は特異に感じるかもしれないね。

光浦●そうなんです。都会で暮らしていると、人と接触したり、会話したりする技術のようなものをなかなか確立できない人が、とくにぼくらの世代にはけっこうたくさんいると思うんです。それが社会問題や大きな事件につながったりすることもあります。その点、蒲江みたいなところは、コミュニケーションスキルがものすごくガッチリしていると思いました。

清家●そういうふうに感じますね（笑）。

光浦●それはものすごい差なんです。人が人として楽しく生きていくために必要なコミュニケーションスキルがものすごく高い。たとえば青木先生は蒲江ではふつうなのかもしれませんが、東京に行くと「こんなにコミュニケーション能力をもったおっさんはいないよね」っていわれるんです（笑）。一〇代の女の子からお年寄りまで対等に「ワーッ」と話しに巻き込んでしまう。そういうパワーは、青木先生だけでなく、蒲江の若い人にもあるような気がしますね。

青木●うーん。じゃあ、ぼくのこの性格は個人ではなくて蒲江の資質なんだな（笑）。

合併後のまちづくりは？

青木●ところで話は変わりますが、県南の合併はもう決まっていて、いろんな事務処理も進んでいると思うけど、合併を歓迎する点、危惧する点はどんなところがあるだろうか。ぼくは中学校の合併が小さなシミュレーションになったんじゃないかと思っています。あれがうまくいったことはいいことなんだけれど、実際はどうですか。

清家●合併してもたいして変わらないのでは、と思います。合併は財政面の枠組みが変わるという行政的な部分であって、実生活にはあまり支障ないんじゃないか。希望的観測かもしれませんが、そう感じています。どこまでサービスが縮小されていくのか、まだ協議している段階だからはっきり見えないけれど、今の段階ではそんなに極端に縮まるという感覚ではなく、最初に思っていたよりも安心しているのが現状です。

それでもカットされる部分は当然出てくるので、それを補うだけの人的なネットワークを地域内で維持できるかどうかが、行政側の課題になってくると思います。たとえば、支所、出張所の存在をどう位置づけていくのか、あるいは公民館などとの関連を含めてどう機能させていくのかなどが課題になってくると思います。

いずれにしろ、行政に任せておけばいいという時代は去りつつあります。行政による事務的な作業や後押しはどんどん少なくなって、これまで金銭面や人的な面でかなりサポートされていた、いわゆるまちづくり、むらづくりを今後は住民がいかに自分の手と足とお金で行うかが問われるようになってきます。行政はその足らない部分をサポートしていくというかたちに移行していかざるを得ないのです。今、行政が浦の組織づくりをしようとしているけれど、行政が上から関与するようなやり方でつくっても動かないのでは？というのが私の正直な感想ですね。

青木●まちづくりの組織が自然発生した地域もあるのかな。

清家●意識的につくらせたところがほとんどです。昭和四〇年代から五〇年代にかけて「ふるさとづく

野々河内浦秋祭り

畑野浦伊勢本神社秋祭り

り」という意味合いの集団形成がありました。いくつかの地域に若者の集団があり、たとえば私どもは蒲江に「清流会」をつくって軌道に乗せています。その集団に自主的な動きが出てきて、若い人が出てきたあたりが第一次の集団形成。そこから派生したグループがイベントを行ったりして、ある程度かたちになってきたのが第二次です。現在、行政が長期の振興計画のなかで取り組んでいる組織づくりが第三次になります。

青木●一方では合併のメリットもあるのかな？

清家●合併することによって広域で考えられることはいろいろあると思います。小さい町村ではできないことがあるんです。たとえばゴミの問題や消防防災関係、とくに文化事業等は小さいところで活動していても接点がもてないので、今までできなかったことが広域だからこそできる、という期待も若干あります。

青木●合併後の「浦」の暮らしは変わっていくと考えますか。

清家●やはり基本的には変わらないだろうと私は思います。単純に行政の組織が大きくなるだけであって……。むしろ感覚的にはわれわれは最初から佐伯藩という感じです。佐伯藩という考え方は私たちの体の中にずっと染みついているんです。佐伯藩のエリアは今の津久見市の南から直川村までですから、今回の合併と違うのは津久見が入らずに宇目町が入るという点だけです。佐伯を中心とした浦辺山辺の連合体という考え方は古くからあるので、昔に戻るという感覚ですね。エリアとしても宇目から佐伯を通って蒲江まで、行動半径は変わらないし、「宇目はこうで、蒲江はああで、あそこに行ったらあいつがおったな」というように一つの地域の感じです。たとえば広域での青年の研修会や婦人の研修会などは、私が二二歳のときから取り組んでいるし、文化財の事業にしても南郡佐伯市広域で二〇数年前から先行してやっているから、合併といっても、いまさらという気もしますね。

西野浦秋祭り

佐伯藩
初代藩主毛利高政は、関ヶ原の戦いののち徳川家康に帰参した外様大名。慶長六年（一六〇一）高政が入部して以来、明治の廃藩置県に至るまで存続した。佐伯藩の領域は、現在の津久見市南部、佐伯市、宇目町を除く南海部郡七ヵ町村に及んだ。
藩内は在方（農村地域）浦方（漁村地域）両町（城下町）の三つに分けて支配された。佐伯藩における浦方の存在の大きさを示すのが「佐伯の殿様浦でもつ」という言葉である。活発な浦方の活動を年貢以外の大きな収入源として、藩は当初から漁業保護に努めた。

蒲江のこれから

青木●光浦君の世代から見て、合併後、蒲江がこういうふうになってほしいなということがあったら少し話してください。もしかしたら、将来結婚して蒲江に住むことになるかもしれないし（笑）。

光浦●これからの蒲江は、海や山のきれいな景色はそのままでいてほしいと思います。そして特有の濃

竹野浦河内、上方に外洋および西野浦を見る

たんぼ

佐伯市とつながる県道

厚なコミュニケーションもそのままで。それでいながら、設計の仕事ができるような場所になってほしい。蒲江の広い空間で大きな模型もたくさんつくれて、たとえば所員一〇人が年間二ヵ月間は蒲江で仕事をするというようなライフスタイルが可能な場所になってほしいと思います。長期滞在型でうまいものを食いながら仕事したいという、欲張りな夢なんですけど（笑）。

青木●都会で暮らしている人で、そう考える人は多いと思うね。だから週を半分に分けて、金土日は蒲江のような場所で少しのんびり仕事ができたら、というのはあるよね。この話を聞いて清家さんはどうですか。

清家●わからないでもないけど、少し浮ついている感じもしますね。というのも、地元の生活を見ると、そんなことをいっていられない現実を見せつけられているからかもしれません。光浦さんのいうイメージはとてもいいし、私の子どもたちもそうであればよかろうなと思うけれど、それを受け入れる側の生活基盤に大きな課題があります。つまり、自然と空間は提供できるけど、おいしい魚は誰が提供するのだろうということです。

青木●それはたとえば漁業者の高齢化というような

問題ですね。

清家●そうです。蒲江の昔ながらの暮らしは急激に変わりつつあり、今は転換期を迎えていると思います。真珠の養殖ができなくなり、ハマチ養殖は赤字経営で、先が思いやられています。そこそこいいのはヒラメやヒオウギ貝の養殖だけど、これもそれほど長くはなく、次の世代まで好調を維持するのは難しいでしょう。にもかかわらず、リタイアして年金をもらう高齢者がものすごく増えていて、さらには過去の出稼ぎによる職業病で労災の補償を受けている人が四〇〇〜五〇〇人もいるというのが蒲江の実状です。世帯数にたいする年金所得者の割合は六分の一にもなっています。そうした人たちが住民の主になりつつあり、生活基盤がなく、若い人がいないので、蒲江の将来が危惧されているのです。

青木●きれいな海と景色を楽しみながら設計の仕事をする人ではなくて、漁業をする人がほしいと。

清家●それが漁業では食っていけないんです。だから漁業に代わる新しい産業がほしいけれど、昭和四〇代、五〇年代のような企業誘致はもうできないし、地場産業も昔のようには盛んではない。観光振興という方向性もあるとは思うけど、観光は特定の人だけが潤って、地域にはお金は落ちないでゴミばかり落ちていく。私としては、観光客はあまり来てほしくない。

名護屋漁協水産物荷捌所と港

野々河内地区の家々

光浦●漁業で食っていけないというのは、魚が捕れなくなったとか、国際的な競争力がなくなったということですか。

清家●そう、その両方です。とくに養殖は中国や韓国から安いものが入ってくるので、単価は養殖を始めた頃の五分の一ぐらいにまで下がっています。そういったことがこの先どうなっていくのか、まったく見えません。実際に漁をしている人たちはどう考えているのかわかりませんが、構造的な問題も含んでいるので、第三者のわれわれからするとかなり危機的状況ではないかと思っています。

青木●もう一つ突っ込んで考えてみると、自分の子どもを蒲江で生活させるかどうかということだね。

清家●うん、仕事にもよるけれど、今の状況を見ていると無理だろうなと思います。そこで私としては、これからの蒲江は若者が生活の基盤を置く「メイン居住地」ではなく、若者もお年寄りも同時に憩えて、調和しながら生きていける「サブ居住地」をめざす方向がいいのかなと考えています。そのためには海をきれいにしなければいけないし、規模は小さくても適正化した、持続できる漁業をやっていかなければばならない。

青木●キヤノンの御手洗会長は蒲江町出身ですが、先日、町主催の講演会に来てくれて、そのとき「ITの発達で、都会に暮らさなくてもいい時代が、本当に実現できるところまできた」と語っていたのが印象的でした。よく地球は小さくなったといわれるけれど、ボーダーレスに国を超えて人が行き来する時代を迎えたこともあり、昔に比べて、東京と地方の距離は格段に縮まった感覚がある。さらに今の勢いでITが発達していけば、どこに住んでも、それほど大きな違いはないのではないかと思えてくる。

ぼくは自分の子どもが蒲江に帰るとしたら、ウィークデーは都市で仕事をし、週末は蒲江で憩うというかたちだったら、けっこう楽しい生活があるんじゃないかと思う。とくに、子育ての段階は蒲江で暮らせるようであってほしい。ぼくは生まれてから少年時代まで蒲江で育ったというのは、かなりの財産だなと思っていますから。

清家●あ、私もそう思います。うちの子どもたちが蒲江で育ったように、孫にも磯遊びや魚釣りといった同じ体験をさせてあげたいと。だから週末でも、いつでも帰ってこられるように、できれば子どもたちには大分か、遠くても博多くらいに生活の基盤を

清家隆仁（せいけ たかひと）
一九五四年生まれ。一九七九年より蒲江町教育委員会に奉職。現在、蒲江町教育委員会主幹。蒲江町史編さん室に勤務。東九州の民俗・歴史に詳しく、佐伯史談会会員。まちづくり集団「蒲江泊友会」事務局長。

置いてほしいと思いますね。

青木●それが、ぼくが今回のワークショップを通して考えた、これからの蒲江の方向性としてはマックスに近いものだと思います。ぼくにはまだ孫はいないけど、孫が蒲江で暮らすとしたら、どんな生活をするだろうかと予想して、「こんな生活だったらいいんじゃないか」というものを残したり、形にしたりしていくということが、蒲江のまちづくりにふさわしいのではないかと思っているんです。

清家●同感です。私もそういう考え方がいいと思います。孫が帰ってこられるような環境、状況をどうつくり出し、維持できるようにしていくか、それが私たち蒲江に暮らす地元住民の課題ではないかと思います。

光浦●そんな素敵な仕事を地元の人たちだけで独占せずに、われわれ、外部の人間にもぜひお手伝いさせてくださいよ。

清家●もちろん、喜んで！

光浦●今日お話をうかがって、ワークショップとはまた別の意味で、蒲江が身近に感じられるようになりました。

ワークショップ参加者からひとこと

山代 悟……ファシリテーター

蒲江町で行われたワークショップは、まちづくりという抽象的な議論になりがちなものを、廃校舎の再生という切口を用意することで、具体的かつ活発な議論に導くことができたと思います。ワークショップの一つの雛型になり得るものになったのではないでしょうか。（ビルディングランドスケープ共同主宰、東京大学大学院建築学専攻助手）

新堀 学……ファシリテーター

今回のワークショップの一番の成果は、日本全国からこれだけ多くの熱い人たちがやって来て蒲江で出会ったことだと思います。悲観的なことばかり語られるこの現代の日本に彼らが存在しているということは、未来への希望といえるでしょう。ワークショップ後、こういった人々のネットワークをめざして立ち上げた「ＮＰＯ地域再創生プログラム」にも、蒲江で出会った若者が参加し

活動してくれています。これからの成果にご期待ください。（新堀アトリエ一級建築士事務所代表）

赤川貴雄……ファシリテーター

蒲江ワークショップ（ＷＳ）の後、このＷＳに触発された出来事の多さに驚くばかりである。半年後には、見よう見まねで北九州学術研究都市でＷＳを企画・開催し、主催者側の準備がいかにたいへんか身をもって知ることとなる。このＷＳのスタッフの中核は蒲江ＷＳの参加者であった。蒲江ＷＳの一ヵ月後にはオランダのデルフト工科大学と北九州市立大学で行った国際共同演習に結びついた。蒲江ＷＳでは「ファシリテーターとは何をすべきか?」という問題についてファシリテーター同士でかなり議論したが、その議論は現在も進行中の北九州学術研究都市での住民対象のＷＳでもつねに問い直されている。今後は、チューターとして参加する２００４釜

山国際建築デザインWS、英国カーディフ大学との国際共同演習に展開しようとしている。これらの諸活動の原点に蒲江WSがある。（北九州市立大学国際環境工学部環境空間デザイン学科講師）

太記祐一……ファシリテーター

二〇〇三年夏は、何かが生み出されようとする現場の熱気を久しぶりに実感しました。しかしその熱気は、どのようにして社会の回路の中にエネルギーとして流れていくのだろうか。夏休みの宿題は終わっていない気がします。（福岡大学工学部助教授）

本江正茂……ファシリテーター

みんなすごく真面目に蒲江のことを考えていた。自分のことは忘れていた。それを見て、中間発表のときに、このワークショップは蒲江の人たちのためにやってるんじゃない、ふだんとは全然違う状況に身を置いて自分自身を再発見するためだ、手慣れた得意技じゃなく、試したことのないことをやれ、そうして生まれる真新しいアイディアこそが、結果として蒲江のまちの人にとっても価値あるものになるはずだ、みたいなことをいったのを覚えてる。環境は外から操作したりできない。当事者として巻き込まれながらやるしかないのだ。（宮城大学事業構想学部デザイン情報学科講師）

●参加者……

大家健史……山代チーム

たぶん、これからだと思います。ワークショップを行ったことよりも、参加した人たちがこれから何をするか。だから、これからだと思います。（早稲田大学大学院理工学研究科建築学専攻入江正之研究室修士課程二年）

酒井隆宏……山代チーム

人、土地のネットワークに興味があり参加。多くのまちの人々、仲間に出会った。参加後も。直後の建築学会@名古屋で「チーム山代」集合!!　年末に送られてきたブリ。再会も多数。ネットワークの拡大。見えていなかったものがミエテキタ！　つづく。（建設会社勤務。当時、福岡大学大学院研究生）

木村映理子……山代チーム

蒲江町がなくなると聞き、「まちを生き返らせたい」という思いから足を運んだ。一週間というタイムリミットに焦りを感じながら、ここまで来たのだから何か形にしたいと思い、みんなでまちを歩き、昼夜話し合い、答えを見つけようとした。町民と触れ合うことで、ゆったりと流れる蒲江タイムの中に町民のもつ芯の強さを見つけ、人工的な観光名所にはない魅力を知る。これを残したいという思いから「まちづくり」の方法を現在も模索中である。（昭和女子大学大学院生活機構研究科修士二年）

櫻木 登……山代チーム

蒲江町での経験は、大学一期生で先輩のいない私にとって、今後の大学生活の性質を変えるほどの経験であった。さまざまな人が集まり、討論し、多種多様な考えに刺激を受け、大学内での情報では足りないものを補うことができた。（北九州市立大学国際環境工学部空間デザイン学科三年）

神本豊秋……山代チーム

生まれ育った大分の地で大切な風景がなくなろうとしている。若者が減っていく一方の小さなまちを救済しようと集った日本全国からの若い意図（糸）でまちを包み込んでいけたら。しかし、気づけば小さなまちの大きな海のような温かさに私たちのほうが包み込まれていたように思います。（設計事務所勤務。当時、近畿大学九州工学部建築学科四年）

岡村宗一郎……山代チーム

細く薄暗いトンネルを通り抜けると眼下に蒲江町が見えた。そして、一週間のワークショップを終え、トンネルを抜けてまちを出るとき、合併しても蒲江の時間、そして、空間のアイデンティティはこれからも薄まることはないだろうと感じた。何よりも大事なのはきっと蒲江に生きる人々の精神の「継承」だと、ワークショップから約一年経った今、強く思う。（中央大学総合政策学部四年）

林 泰寛……山代チーム

素晴らしい自然や食べ物と、人と人との対話の中から貴重な経験ができたと思います。その後、地方の建築事務所に就職予定なのもワークショップの影響が大きいです。これから蒲江の経験を生かしていくつもりです。（法政大学大学院工学研究科修士課程建設工学建築学系専攻一年）

赤羽千春……山代チーム

自分の目で見る、自分の足で歩く、自分の耳で聞く、そして自分の言葉で話すということは、自分の考えをより豊かなものにしてくれます。それをこのワークショップで強く実感しました。（日本女子大学家政学部住居学科建築環境デザイン専攻四年富永譲研究室）

野坂保道……山代チーム

蒲江ワークショップにおいて、自分の足を使って現状を知るとともに初めて会う人間との共同作業・討論を通じ、建築をやっていくことの本質を学べたのではないかと思う。また、この一週間で築いた人間関係は貴重である。（北九州市立大学国際環境工学部環境空間デザイン学科四年）

上田愛子……新堀チーム

私の出身地は九州の北端、門司。同じような問題を抱える土地の一人として参加した。初めて訪れたまちを共に考える。知らない人と一週間続けただけのことなのに、私自身が成長する。ワークショップとは結果よりもみんなで考える過程だということを教わった。（北九州市立大学国際環境工学部環境空間デザイン学科四年）

三友奈々……新堀チーム

炎天下、がまんできず美しすぎる海に飛び込んだ、水中サーベイ。さっき知り合った仲間と笑いあり涙ありの白熱したディスカッション。凍える冷夏を過ごしていた私にとって、小さなまちで過ごしたあの大きな七日間が、「暑い／熱い」二〇〇三年の短い夏となった。（筑波大学大学院芸術研究科環境デザイン専攻修士二年）

黄瀬麻知子……新堀チーム

あのときのことを今思い出すと、真っ青の海と空、真緑の山が出てきます。それくらい蒲江の景色はふだん山に囲まれた西条や京都に住んでいる私にはインパクトが強かったです。ワークショップで知り合った人たちのパワーはすごいものだったなぁといまでも思います。（織物会社勤務、当時、広島大学建築学課程四年）

青山 泰……新堀チーム

日本各地のたくさんの方々と古い建築物の再生利用について議論を交わすことができ、有意義で面白い経験が

できました。蒲江は人々が温かくとても自然の美しいところだったので、機会があればまた訪れたいです。（東京大学大学院新領域研究科修士課程二年）

三輪祐仁……新堀チーム

蒲江町という小さなまちの中で得たものはとても大きかった。住民の人と接し、人の優しさに触れた。年齢・環境の違う参加者たちと接し、多様な視点からの意見に触れた。ファシリテーターの方々と接し、心の広さに触れた。こうして人と人が接していくなかで、まちづくりが始まっていくのだということを強く感じた実り多き一週間だった。（名古屋工業大学大学院工学研究科社会工学専攻若山研究室修士一年）

佐藤 敦……新堀チーム

多彩な講師陣のもと、全国各地から集まった参加者は蒲江という地方小都市において今後の日本を占う都市の姿について考えました。蒲江の地で培った未来への遺伝子は、参加者によって各地へと持ち帰ることができたと思います。現在でも交流の続く多くの仲間との出会いを感謝いたします。（九州大学大学院人間環境学部都市共生デザイン専攻有馬研究室修士二年）

渡部太介……赤川チーム

ワークショップ初参加の私にとって、凄まじくエキサイティングな時間でした。全国各地からの多様な参加者たちと昼夜を問わず交わす議論。時折の談話で知るさまざまな世界の様子。そして広がる人の輪。大満足なWSでした。（大分大学大学院工学研究科福祉環境工学専攻修士二年）

冨高健司……赤川チーム

蒲江のじいちゃん、ばあちゃん、おじさん、おばさん、若い人、小学生、いろんな人の話を聞いた。みんなとてもエネルギーがあって面白い（とくに年寄り！）。けっこういいぞ、蒲江！「町」はなくなっても、「蒲江」はなくならない。またみんなで遊びに行きましょう。（住宅会社勤務）

魚住 剛……赤川チーム

たった一年しか経っていませんが蒲江での生活がずいぶん昔のことのように感じられます。WSで考えたこと、学んだこと、出会い、すべてのことが、今の自分に生かせているか、つねに自身に問うて生活しています。（早稲田大学大学院理工学研究科建築学専攻古谷誠章研究室修士一年）

竹岡勝行……赤川チーム

私は二〇〇三年夏、このワークショップに参加し、赤川先生の指導のもと、E・Fグループの仲間とともに活動しました。このワークショップがきっかけで、現在私は建築分野以外でのワークショップの可能性に興味をもち、そのシステムや手法を学んでいます。蒲江町から今の私があるといっても過言ではありません。（徳島大学総合科学部人間社会学科地域システムコース三年）

秋吉正雄……赤川チーム

蒲江で交わされた議論は海洋汚染や少子高齢化といった、明るくもきらびやかでもない問題に集中しました。いわば蒲江というまちの暗部にわれわれの関心が引きずり込まれたのです。私はそれ以降、そういった問題を看過できなくなりました。蒲江で過ごした一週間は、私にとって痛烈な時間になったのです。（秋吉正雄建築設計事務所代表。当時、Steven Holl Architects勤務）

中村祥子……太記チーム

まちを歩いて住人（道行く人、座っている人、店の人）に話を聞いて回ったことが一番印象に残っています。まちの人たちと話して初めてわかることがたくさんあって、住人の方から直接話を聞いて考えることの大切さを実感しました。（早稲田大学理工学部建築学科二年）

小山雅由……太記チーム

コーヒーにミルクを入れるような、もう出会った頃には戻れないくらいの多くの人の結束感が今も心に残っている。一つのまちの未来を描く。ただそれだけのために、時間を、意識を、言葉を、答えを共有することが、こんなに力をもつことを知らなかった。（立命館大学大学院理工学研究科建設環境系建築設計研究室修士二年）

星 昌美……太記チーム

熱昼、蒲江町をサーベイし、町民の方々と共有の問題をもち、帰って夜間、班のメンバー同士で討論となり、そのまま仲が悪くなった人もたくさんいました。そんなときには優秀なファシリテーターの太記さんが登場し、なんとなく丸くなり、最後は曽我部さんを囲んで楽しい飲み会でした。ホントにすごい一週間でしたね、光浦さん!?、ありがとうございました。青木さん、蒲江を思い出しながら論文書きます。もう一度、まったく同じメンバーで誰ひとり欠けることなく蒲江で会えたらなぁ……。（関東学院大学大学院博士課程二年）

齋藤香織……太記チーム

都市のための都市計画に世論が終始することに釈然としない思いを抱いていた自分にとって、このWSを通じ地方にたいしても熱い思いをもった。たくさんの仲間に出会い、議論を戦わせることができたのは貴重な体験だった。（設計事務所勤務。当時、筑波大学大学院環境科学研究科修士課程二年）

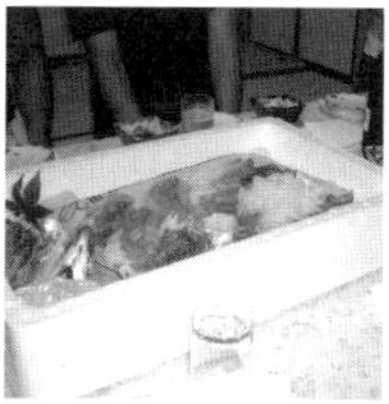

藤田 悠……太記チーム

ほとんどの提案がその小学校という空間にたいしてのもの、たとえば形態的なアプローチではなかったことが印象に残っている。まさに、「空間から状況へ」という移行を肌で感じた。今までもっていた自分の建築への固定された意識をほどいてくれたように思う。（北九州市立大学国際環境工学部環境空間デザイン学科四年）

白銀 究……太記チーム

研究の幅を広げるために参加したワークショップでしたが、それ以上の成果が得られました。基本的には建築関連の分野を研究もしくは実務とされている方がほとんどでしたが、それ以外の分野のエキスパートの方々も多く参加されていて、多面的な視点からの意見を聞けてたいへん参考になりました。（東京大学大学院工学研究科建築学専攻博士課程）

野原春花……太記チーム

不安と大きな期待に胸を弾ませて蒲江町に向かったことを今でも覚えています。苦しかった夜中の作業や激しくぶつかり合った討論。おいしかったお刺身と温かい蒲江の人たち。さまざまな人たちとの出会いは今でも連絡を取るほど強く、私の一生の財産となったと思います。ありがとうございました！（北九州市立大学国際環境工学部環境空間デザイン学科四年）

川島実季……太記チーム

同じまちを見ているはずなのに、同じ班の人、他の班の人、まちの人、それぞれの想いがあり、価値観があり、それらをときにはぶつけ合ったり、融合させたりして多様なアイディアが生まれて形になる。すごくよい経験をさせてもらいました。（大分大学大学院福祉環境工学修士二年）

池田知余子……本江チーム

一週間ですが、実際にまちに住み、住民の方々に直接話を聞いて回ったことで、再生にかけられた期待の大きさや重要性を身をもって感じました。建築や都市は、単なるハードの建て直しにとどまらない、生活の建て直しなのだということを実感できた貴重な体験でした。（大阪市立大学大学院工学研究科都市系専攻建築デザイン研究室修士課程二年）

乙益康二……本江チーム

地域や職種・年齢の枠を超え、見知らぬ人と見知らぬまちについて真剣に考え、議論を重ねて一つの提案を導き出す。今、振り返ると不思議な時間の中で生活していたように思えます。将来を模索する時期にあった私にとって貴重な体験となりました。（大分大学大学院福祉環境工学専攻修士二年）

武田史朗……本江チーム

エネルギッシュな企画で、とても貴重な体験でした。一方、新しい時代を担うべき若者たちがすでに守りの姿勢に入りチャレンジ精神に欠ける印象で、偏った発信源からの情報が均質に流通するという一極集中的思考の弊害がここにもあるように思いました。（武田計画室一級建築士事務所代表、立命館大学講師）

春田佳菜……本江チーム

蒲江のワークショップの日々を思い出すと、心が温かくなります。グループの仲間、ファシリテーターの本江さん、青い海、蒲江の人々……。また蒲江でみんなと会いたいです。ぜひ二回目を期待しています。（北九州市立大学国際環境工学部環境空間デザイン学科四年）

●WSスタッフ……

大原智史

蒲江という「消えかけた」まちに埋もれていた文化が、さまざまな背景をもつ参加者を媒介にパラメータとして現れ、そこから二次的三次的に変化する光景は刺激的だった。参加者の自主性を最重要視したのはたいへんだったが、「RE」のつく動きには、そのプロセスが重要なのだとその後の動きを通じても実感している。（早稲田大学大学院理工学研究科建築学専攻入江正之研究室修士課程二年）

進 真由子

スタッフとしてこのWSに参加し、さまざまな人と関わり、いろいろな考えに触れ、学ぶことが多く、私にとって本当にいろいろなことが凝縮された期間でした。このWSに参加する機会をいただき、本当にありがとうございました。（九州大学建築学科四年竹下研究室）

宇治康直

人々は明るく親切だ。空気も爽やかで、気持ちがいい。生き生きとした印象が心に刻まれた大分県蒲江町。願わくば、このワークショップという試みが、初めは小ぶりであっても、やがてまちと人の内と外に幾重にも広がる大きな輪を描く一石になってほしい。（東京大学大学院新領域研究科清家剛研究室）

深川礼子

得たもの。提案過程のダイナミズムを促進するためのファシリテーター内の議論と提案への関与から受けた「場をつくる」手法に関する刺激。ワークショップが生むものについての思考。提案側として参加したいという気持ち。（東京大学大学院修士課程）

俵 聡子

先に現地入りしたスタッフと、町内見学と称して、たかひら展望公園から続くサイクリングロードを、海を眼下に自転車をこいだことが忘れられません。まるで空を飛んでいるようでした。誰かに教えたくなるあの風景は日本に残された宝物のように思いました。（広告代理店勤務。当時、東京芸術大学大学院美術研究科修士二年）

高木 蘭

蒲江で過ごしたおよそ一〇日間は驚くほど濃密で、怠惰な建築学生にとって大いに刺激を感じるものであった。さまざまな知識や人間関係、モチベーションを得ることができたし、何よりもますます建築が好きになった。（九州大学建築学科四年竹下研究室）

花ヶ崎恵美加

スタッフとしてこのワークショップに参加し、短い期間でしたがたくさんのことを学ぶことができました。昼間は班の人たちと一緒に蒲江町を満喫し、夜はスタッフの仕事と過酷でしたが、とても充実した一週間でした。蒲江のみなさま、本当にありがとうございました。（東京都立大学工学部建築学科四年）

ワークショップ実践記録

光浦高史……………青木茂建築工房

ワークショップという方法はこれまでにも幾多の事例がある。今回蒲江町で開催したワークショップは、私たちにとっては初めての試みで手探りのなかでつくっていったものである。これからワークショップに取り組もうと考える人たちにとって参考となる一事例になるのではないかと思い、その顛末を以下に紹介する。

テーマについて

「蒲江町　環境・建築・再生ワークショップ」のテーマは「廃校跡地利用を考える／一〇万人都市の処方箋」。蒲江町では中学校の統廃合が行われ、五つの廃校跡地がある。その利用の仕方について考え、提案を行うことが一つ。さらに、蒲江町は平成一七年の広域合併で佐伯市南海部郡の他市町村とともに人口八万五〇〇〇人ほどの行政区の一部になる予定だが（＊1）、廃校跡地について考えることを手がかりに一〇万人規模の都市について議論し、都市論へ展開することがもう一つのテーマであった。

＊1　大分県佐伯市・上浦町・弥生町・本匠村・宇目町・直川村・鶴見町・米水津村・蒲江町の一市五町三村が合併し、面積約九〇三㎢、人口約八万四五〇〇人の佐伯市が誕生する。

プログラムについて

ワークショップは七日間にわたって開催された。ワークショップ会場および宿泊は大分県マリンカルチャーセンター。（＊2）六八名の参加者は一〇の班に分かれ、二班に一人ファシリテーターがついて、これを一グループとして進められた。

初日はオリエンテーション、蒲江町を知るツアー（＊3）、浜焼きが行われた。まずは蒲江町の全体像を把握し、参加者同士、そして蒲江町の人たちと参加者の親睦を図ることができた。浜焼きでは多くの蒲江特産魚介類をまちの有志から差し入れていただき、一同舌鼓を打った。

ワークショップ前半は「調査・発見」の段階とし、「キックオフミーティング」でスタートした。各グループが担当する廃校跡地と集落がくじ引きで決まり、早速各班現地へ。このサーベイは参加者にもまちの人にもじつに好評だった。全国から自費で集まってきた若者たちが集落を歩き、見聞きし、地元の人たちと会話した。ワークショップという耳慣れないイベントに、初めはどこかしら懐疑的だったまちの人の反応がこれを境にがらっと変わったのを記憶している。ここで得た情報、発見したことをまとめて「町民クロスセッション」に臨み、まちの人たちから忌憚のない意見をいただいた。それをもとにさらに議論を重ねて「中間発表」へ。ここで前半終了。

後半は「提案」の段階。前半での発見から具体的な提案が議論され、プレゼンテーションボード、映像、模型などを駆使し、各班ともチームメイトの得意技を生かした個性的なプレゼンテーションがまとめられた。この成果は最終日、シンポジウムの第一部「最終講評会」で発表し、鈴木博之先生をはじめレクチャー講師陣に講評していただいた。

＊2
会場・宿泊施設は廃校を利用しようというアイディアもあったが、電力や水道の契約、一〇〇名近い参加者の寝具などさまざまなハードルがあり、今回は不可能だった。すべての設備が整っているマリンカルチャーセンター（写真左）が蒲江町にあったおかげで短期間で企画することができた。

公開講座について

ワークショップのメインプログラムと平行して、二四日〜二七日午前中には公開講座が行われた。ワークショップのテーマに関連しつつより大きな視点から、さまざまな実践、可能性が示された刺激的な内容で、ワークショップの議論も大いに触発された。日曜日にはまちの人たちの来場も多く見られ、「わかりやすかった」と好評だった。講座を担当した先生方には、ときにチームの議論にも参加していただき、また、蒲江の小学生向けのワークショップや中学生向けのレクチャーをしていただいたりもした。（＊4）公開講座は午前中二コマずつ組んだが、長くはない会期を考えると一コマでもよかったのでは、という意見もあった。

講師の送迎は蒲江町役場にお願いした。当初は「送迎はワークショップの委託を受けた側の仕事では？」「偉い先生と車の中で一時間以上も何を話したらええのやろか」などの意見をいただいたが、結果的にはとてもよかったと思う。先生方は空港から蒲江に着くまでの間にかなりの「蒲江通」になっていたし、役場の方からは「あのセンセおもろいなぁ」などの声をいただいた。

ファシリテーターについて

今回のワークショップを語るうえでファシリテーターの存在は欠かせない。ファシリテーターという言葉は聞き慣れない方も多いと思うが、facilitate（動詞）は「容易にする、促進する」、facilitater（名詞）は「議論を促進するひと」という意味で、近年、都市デザインの分野等でよく用いられる。その役割はケースバイケースだが、今回はチームメイト一三、四名と約一週間寝食を共にしながら、サーベイや議論の手法を伝え、見守り、促進させて成果品の完成へと導くのがファシリテーターの役割であった。この大役を山代悟、新堀学、赤川貴雄、太記祐一、本江正茂の五氏が引き受けてくださった。みなさんは気鋭の建築家、研究者である。彼らの真摯な姿勢やユニークな手法に刺激されて参加者の議論も白熱し、また個人的な質問に応えてもらった参加者も多かった。第一線で活躍する若い建築家、研究者との密なやりとりは参加者にとって貴重な体験であった。また、ワークショップの準備段階では、プログラムの詳細についてファシリテーターと事務局とでメールを活用して詰めていった。

参加者について

告知・募集期間が一ヵ月もなかったために、はたして反応があるだろうかと心配したが（＊5）、募集期間最後の三日間に応募者が集中し、定員五〇名のところに応募総数は一二五名となった。全員に参加してもらいたかったが、宿泊施設や会場の都合などがあり、コミッショナーの青木茂、ワークショップ実行委員長の清家剛先生、各ファシリテーターが持ち点五〇点、三点を上限とする傾斜配点方式で選考することとなった。その結果七一名が選出され、そのうち三名が辞退、最終的な参加者は六八名だった。

選考の主なポイントはチーム構成をする際のバランスである。年齢、性別、出身地、経験などバックグラウンドが異なるチームメイトとの議論を行うことでより幅のあるワークショップになるように、と

＊3
短い距離であっても、八〇名がいっせいに移動するには周到な準備が必要である。町内を移動する手段としては、マリンカルチャーセンター（約四〇人乗）、町役場（約二〇人乗）、社会福祉協議会（約二〇人乗）からバスを出してもらい、足りない分は事務所のワゴン車や自家用車で補った。

＊4
八月二六日午後、曽我部昌史氏（建築家・東京芸術大学助教授）により、小学生を対象としたワークショップ「思い出のまちなみをつくる」が行われた。蒲江の浜辺で「サンドアート」による町並みをつくり出そうというもので、二〇名ほどの小学生が参加した。

翌二七日午後には、千葉学（建築家・東京大学助教授）・阿部仁史（建築家・東北大学教授）両氏により、中学生向けレクチャー「建築家のしごと」が行われ二〇名ほどの中学生が参加した。

いう配慮であった。そのため応募数が多かった学生、院生層で選考に洩れた人が多くなり、申しわけない限りである。選考の末、地域的には北は北海道から南は九州まで、年齢的には一九歳から三五歳まで、学生、会社員、公務員、独立して事務所を構えている人や海外の事務所に勤務している人、大学講師、HIV訴訟の支援活動をしていた人など、じつに多彩な顔ぶれとなった。

運営について

　ワークショップ運営にもっとも必要なものは資金である。その概略を示すと、まずは主催者蒲江町からの委託費。シンポジウムの企画運営コンサルタント費としていただいた。そして、毎年どこかの市町村のまちづくりシンポジウム開催に協力している九州電力株式会社の協賛費。それから参加者の参加費。蒲江までの交通費だけでもかなりかかるので、できるだけ安くということで宿泊費込みで三万円に設定したが、今考えると少々安すぎたかもしれない。さらに青木が主宰するリファイン建築研究会からの協力金があった。支出については講師謝礼、交通費、宿泊費、コピー機やプリンタのレンタル料、紙代、模型代、文具等備品費、スタッフの交通費等が大きかった。

　そして運営に欠かせないもう一つのものは、スタッフである。立ち上げから二週間ほどは私一人、それ以降は大分で一名、早大建築展等で経験のあった後輩を専従スタッフとし、東京では東大清家研究室院生二名、計五名体制で準備期間中盤まで進行した。中盤より東京芸大院生が配布資料のデザイン作成に入り、東大院生、都立大学生も加わり、最終的には七名で二ヵ月と二一日間の準備期間を乗り切った。開催期間中は早大、九大、大分大、高知大等から学生スタッフを募り、役場との協力体制のもと、総勢一四名の現地入りスタッフと青木茂建築工房のバックアップにより運営した。「デイリーニュース」を毎日発行したり、パソコンがウィルスでパンクしたりで、当初の想定をはるかに上回る作業量があり、みんな、ほとんど寝ないで働いた。

蒲江町の人々

　ワークショップの期間中、青木が全員を対象に突然ジャンケンを始めた。「みなさんの中から一〇名招待されます！」という。一〇人はその晩、蒲江町

＊5
募集期間は二〇〇三年七月一日～二〇日、募集対象は建築、土木、都市計画、政治、経済、経営、観光等を学ぶ学生、大学院生、三五歳以下の社会人で環境や建築の再生、地域づくり等に強く興味をもつ人とした。
　全国の大学、高専等へポスターを送付し、建築専門誌のイベント欄に掲載を依頼、メーリングリストに掲載依頼、県庁県政記者クラブにて記者発表を行った。また、大学の先生方に「知り合い、学生さんで意欲的な人に声をかけてください」とお願いした。

有志のお宅に招かれて特産の刺身や料理でもてなされ、酒を酌み交わした。ジャンケンに負けた人たちはうらやましがったが、翌日から「今日は五名」「今回は一〇名」と、気がつけば参加者のほとんどがどこかのお宅でご馳走になっていた。あるお宅では「歓迎、蒲江ワークショップご一行様」の横断幕がかかっていたという。作業などの都合で行けなかった人も深夜の差し入れにあずかったし、サーベイで仲よくなった旅館に泊まりに行った参加者もいた。会場近くの料理屋「うさぎ亭」は美人姉妹で有名で、常連になった人もいたと聞く。このように蒲江の人と参加者の交流は、ワークショップの欠かせない一頁であった。

光浦高史（みつうら たかし）青木茂建築工房

ワークショップ開催にいたるきっかけ

何か始まるためにはきっかけが必要である。今回のきっかけは、塩月厚信蒲江町長の一声であった。ワークショップの準備に入る前の約一年間、青木工房は「中学校等跡地利用総合計画」に取り組んでいて、五月末にその報告の打ち合わせがあった。そこで町長から「建築の分野で何かやってみませんか」という提案があり、「来年の春か夏、ワークショップはどうでしょう？」「それ、今年やりましょう」という具合に始まった。帰りの車の中で頭を抱えたのも、今となっては懐かしい。このあと青木はすぐに東京に飛び、猛烈な勢いで準備に取りかかった。故郷への思い入れというのは深いものだと、青木のいつもと違う一面を垣間見た気がしたものである。ワークショップに関連してまちの有力者に会うことも多かったが、「あいつとは喧嘩友達で、よくなぐりあったんじゃ」などと子どもの頃のエピソードを聞いたり、「シゲルが何かやりよるぞ」と快く協力してくれたりした。

役場の担当者は田嶋隆虎氏であった。「跡地利用総合計画」の頃からのつきあいで、勉強熱心な方だ。ほかにも蒲江町役場には特技のある方が多く、さまざまな場面で骨を折っていただいた。強くバックアップしてくれた議員さんもいた。このようなイベントは、多くの方の理解があって初めて可能になる。

ワークショップって何？

準備期間中、「ワークショップって何ですか？」という質問が非常に多かった。

ワークショップは日本語に訳すと「研究集会」と

いうそうである。一般にワークショップと称されている会の内容はさまざまであるが、国立国語研究所によると「専門家の助言を受けながら，参加者が共同で研究や創作を行う場」とされている。「（行政主導ではなく）住民参加の……」という文脈で使われることが多いので、「どうして蒲江町と関係のない人が来て蒲江町について話し合う必要があるの？」「蒲江の人だけだと意見が出ないから、外から知恵を拝借するということ？」等の質問も多かった。今回は行政と住民の協議の場というわけではなく、外からの視点、あるいは普遍性のある視点を得ることが重要であった。蒲江町にとっては、外部とのチャンネルを広げて、より多方面から客観的に蒲江の魅力を発見し、アイディアを得ると同時に、多くの方に蒲江を直接知ってもらう機会であったし、参加者にとっては現実的な課題をもとに議論を戦わせ、そこで考えたことや得たものを自分の仕事や教育現場、まちづくりに生かすことができる。今回のようなワークショップは地方公共団体による戦略的メセナ事業ともいえるものである。

今回のワークショップは、青木工房に就職するまで生まれてから東京圏を一度も出たことのなかった私にとって、仕事の範疇を超えた貴重な経験だった。蒲江には大都市圏の生活者がベースにしている環境や資源、課題とはまったく違うものが手つかずのまま無数にあるように思われ、自分にも何かできるかもしれない、そんな思いを起こさせる場所だった。同じように感じる人がきっと全国にいるだろう。そういう人たちが集まれば、伏流している流れが大きな流れとなって表れて、「地方」と呼ばれる地域の現状と今後をきちんと考えるための力になるかもしれない……。そんな期待感が、青木の猛進に同行し、約二ヵ月半で開催につなぐための力になったと思う。

今回のワークショップでは「継続性」という課題が残ったが、蒲江町での人のつながりや議論は現在さまざまな動きに発展している。大きな流れが少しずつ表れ始めているのかもしれない。

蒲江町　環境・建築・再生ワークショップ

主催：
大分県蒲江町
「蒲江町　環境・建築・再生ワークショップ」実行委員会
　コミッショナー：青木茂（青木茂建築工房代表）
　委員長：清家剛（東京大学助教授）
開催期間：二〇〇三年八月二二日（金）〜二八日（木）
会場：大分県マリンカルチャーセンター
講師：九名
ファシリテーター：五名
赤川貴雄（北九州大学助教授）
新堀学（新堀アトリエ一級建築士事務所代表）
太記祐一（福岡大学講師）
本江正茂（宮城大学講師）
山代悟（東京大学助手）
参加者：六八名
スタッフ：一四名
協力：
東京大学大学院新領域創成科学研究科清家剛研究室
北九州市立大学国際環境工学部環境空間デザイン学科赤川研究室
宮城大学事業構想学部デザイン情報学科本江正茂研究室
青木茂建築工房
リファイン建築研究会
都市建築編集研究所

◎公開講座
・八月二四日
岡部明子「小都市ネットワークの欧州」
川村健一「コミュニティからリージョンへ〜アメリカの新しい動き」
清家剛、岡部明子、川村健一による対談
・八月二五日
青木茂「リファイン建築の手法」
・八月二六日
曽我部昌史「関係性のデザイン」
松村秀一「コンバージョンと団地再生」
・八月二七日
千葉学「建築と都市をつなぐもの」
阿部仁史「場所と建築・対話とプログラム」

◎公開シンポジウム蒲江の明日を開く
開催日：二〇〇三年八月二八日
主催：環境・建築・再生ワークショップ実行委員会
第一部：
・ワークショップ成果発表
・「廃校跡地利用を考える」講評会
第二部：
シンポジウム基調講演
「場所の力」鈴木博之（東京大学教授）
第三部：
パネルディスカッション「蒲江町のまちづくりを考える」
コーディネーター：森哲也（大分合同新聞社編集局総合デスク）
パネリスト：
塩月厚信（蒲江町長）、鈴木博之（東京大学教授）、阿部仁史（建築家・東北大学教授）、山本勇（株式会社マリンサービスかまえ社長）、山本六郎（日本画家・蒲江町出身）、養父信夫（九州のムラ編集長）、青木茂（建築家・蒲江町出身）
特別協賛：九州電力株式会社
後援：
大分県佐伯南部地方振興局
蒲江町教育委員会
ケーブルテレビ佐伯

あとがき
各地での対話から

青木 茂

第一回「蒲江町　環境・建築・再生ワークショップ」が終了し、一年半が経過した。ワークショップを契機として「まち」への関心の高まりをまとめようと思い立ってから、ようやく出版にこぎつけることができた。

さて、この一年半を振り返ってみた。参加者の多くから第二回目も参加します、あるいは、次回はぜひ参加したいなどの声を聞いてきた。しかしながら、三回やろうと思ったワークショップは一回しかできなかった。

このワークショップを蒲江町に提案したとき、参加費を払って蒲江まで来る人は誰もいない、と役場の人たちは思ったらしい。しかし、参加者数は予想を上回った。多くの人々に関心をもってもらった。そして多くの町民が歓迎してくれた。しかし、継続することの難しさもイヤというほど味わった。それは、本書の田島隆虎氏の言葉の中に集約されている。しかし、簡単にそれをぼくの力不足といってしまうのは、あまりに軽卒すぎて反省にもならない。

大きな理由は二つある。

一つは役場の人々にとって聞き慣れない言葉である「ワークショップ」にたいするイメージと、それを仕掛けたぼくのイメージのギャップの大きさである。全国に蒲江町の名前を残したいとの思いから、思いきり大風呂敷を広げたことへの戸惑いが埋まらなかったようだ。ぼく自身は第二弾、第三弾を計画していた。いや、計画が大風呂敷だとはけっして思っていなかった。この程度のことをしなければ問題解決のエネルギーは引き出せないという思いがあったし、今もある。だが、町民全体を巻き込むことにはならなかったという反省もある。

二つ目は、合併を控えた時期の政治的な問題に対するアレルギーを、われわれが敏感にキャッチできなかったこと。そして、それを具体的にどう組み込みながら進めていくかという配慮が欠けていたことへの反省である。これは、もう一度巻き返すには大きな障害となった。

しかし、このことが全国で行われようとしている合併や行政の仕組み、ひいては地方のあり方が抱えている問題点を浮き彫りにしていることに気づかされた。この本を書くうえでこのような言い方をすることは編・著者としていささかの問題はあると思うが、それを承知でいえば、これまで地方は温室の中にいた。いろいろな不安や不満、不平はあるとしても、楽しい、そして楽な暮しがあったのではないか。そして、それが続くのが当たり前と思い、これからも自らの努力なしでいけると思っているのではないか。

東京にいる友人たちを見て、彼らの生活がそれほど豊かでないことに地方の人々は気づくべきであろう。自分たちの生活は自らの力によって開拓しなければならない。地方の優等生である湯布院などは、苦悩の中で這い上がってきた。そして現在も、未来に向かって懸命な努力をしている。合併にたいして、自分たちのブランドを守り続けたいと反対運動が起きるのも無理のない流れである。

さて、蒲江町の縦糸と横糸で織られた布はどうなったか。糸そのものには強いものがあり、手応えを感じた。ただ織り方に問題が生じた。縦糸の発見者である外部者には強く織ってほしいという意識がある。それに比べて、織り方が弱い感がある。もっと強く織るためには、自分たちの住処《すみか》となるこのまちの未来をどうするかという、もっと強い思いが必要だ。


この本では大分、熊本、山口のそれぞれ縁のあった市や町を訪ね、長所を見、それを引き出す作業を続けた。いずれも面白い対話であった。合併後のまちのあり方を真剣に考え苦悩し続ける蒲江の塩月厚信町長、その合併の大前提となる枠組みをつくるために奔走した佐伯の前市長・故小野和秀氏、合併問題が白紙に戻り、一から出直しを迫られている本渡の安田公寛市長、合併がまだ固まらないまま舵取りをしている八女の野田国義市長、合併を前に町民のためにこれだけは整備したいと考えて行政に携わる豊北町の方々、それぞれが苦悩を抱え、模索を続けている。

塩月町長と岡部明子さんとの対話では、蒲江という小さな田舎町とEUという巨大なマーケットの話がどうかみ合うのか心配したが、同じテーブルで議論してみると人間の喜びや欲望、不安や不満、生活の楽しみ方など共通の話題は多く、興味深い対話となった。岡部さんからはウィークデーとホリデーのあり方について多くを学び、この本を書くための大きなよりどころとなった。また、かつて大企業に勤めていた養父信夫さんが退職し、「ムラ」にこだわった出版活動を行っているのは、彼の体内に流れる宗像大社の歴史が根底にあると感じられた。養父さんにはムラや過疎地域は補助金なしでは生きて行けないという現状の厳しさを教わった。安田市長との対話では、苦悩を続ける地方都市の首長の孤独な背中を感じた。この本のタイトルとなった「まちをリファインしよう」という言葉は、氏からいただいたものである。

多くの人の手を借りてリファイン建築が完成するように、この本もやっと完成する。村も、町も、都市も、お互いに足らないところを補い合わなければ、「地域」は成り立っていかない。単純にいえば、昭和の合併の検証がなされないまま現在にいたり、そのことが今回の平成の大合併につながったのではないかと思う。その失敗を繰り返さないために、私はこの本をまとめた。

振り返ってみれば多くの方々の力を借りた。とくにワークショップ実行委員長を引き受けていただいた清家剛氏には、ファシリテーターの手配、スタッフとして院生を派遣していただくなどの協力も得た。鈴木博之先生にはかなりの強行軍で蒲江まで来ていただき、基調講演をしていただいた。ワークショップの講師、ファシリテーター、シンポジウムのパネリスト、ワークショップの参加者、対談に応じていただいた方々、そして蒲江のみなさまの心温まる歓迎に感謝します。いつもぼくのつたない思いつきを本にまとめていただいている、石堂威氏、小田道子氏には今回もご苦労をおかけした。みなさまにお礼を申し上げます。感謝、感謝。

◎青木 茂略歴

一九四八年大分県蒲江町生まれ。

一九七一年近畿大学九州工学部建築学科卒業。鉄建建設株式会社入社。同年、同社退社。

一九七二年家業（土建業）を手伝う。

一九七七年大分県佐伯市でアオキ建築設計事務所設立。一九八五年大分事務所開設。一九八九年福岡事務所開設。

一九九〇年株式会社青木茂建築工房設立（佐伯事務所閉鎖）。

リファイン建築で、日本建築学会業績賞、グッドデザイン賞、日本建築家協会環境建築賞、ＢＥＬＣＡ賞他を受賞。

著書に『建物のリサイクル　躯体再利用・新旧併置のリファイン建築』（一九九九年／学芸出版社）、『リファイン建築へ　建たない時代の建築再利用術』（二〇〇一年／建築資料研究社）

◎リファイン建築研究会参加企業

株式会社青木茂建築工房
西松建設株式会社
五洋建設株式会社
株式会社さとうベネック
鉄建建設株式会社
株式会社佐伯建設
株式会社東洋サッシ工業
鬼塚電気工事株式会社
東邦工業株式会社
太平洋セメント株式会社
関東防水リフレッシュ事業協同組合
とりりおんコミュニティ

まちをリファインしよう
平成の大合併を考える

二〇〇五年一月二〇日　初版一刷発行

編・著者……青木 茂
福岡県福岡市中央区長浜一―二―六―二〇六
青木茂建築工房福岡事務所（〒八一〇―〇〇七二）
電話：〇九二（七四一）八八四〇　ファックス：〇九二（七四一）九三五二
E-mail：aokou_f@d3.dion.ne.jp

編集・制作……石堂 威（都市建築編集研究所）
電話：〇三（三二二一）五三五六　ファックス：〇三（三二二一）五五六八

作　図……青木茂建築工房

協　力……リファイン建築研究会
青木茂建築工房福岡事務所内

発行者……馬場瑛八郎

発行所……株式会社 建築資料研究社
東京都豊島区池袋二―七二―一（〒一七一―〇〇一四）
電話：〇三（三九八六）三二三九　ファックス：〇三（三九八七）三二五六

印刷製本……株式会社 廣済堂

撮影
松岡満男
小野洋之
青木 茂
石堂 威

資料提供
大分県蒲江町
大分県佐伯市
熊本県本渡市
福岡県八女市
山口県豊北町

表紙デザイン
掛井浩三

ISBN 4-87460-857-4